科学24科普文丛

通信的故事

揭 开 身 边 的 科 学 奥 秘

心 丁 著

甘肃少年儿童出版社

图书在版编目（CIP）数据

通信的故事 / 心丁著. -- 兰州：甘肃少年儿童出
版社，2015.11（2021.6重印）
（科学24科普文丛）
ISBN 978-7-5422-3679-1

Ⅰ.①通… Ⅱ.①心… Ⅲ.①通信—少儿读物 Ⅳ.
①TN91-49

中国版本图书馆 CIP 数据核字(2015)第 244587 号

通 信 的 故 事

心 丁著

项目策划： 王光辉　朱满良
项目执行： 朱富明　段山英
责任编辑： 王　辉
装帧设计： 钱　黎
漫画插画： 陈健翔
书稿统筹： 一路春心蹉跎
出版发行： 甘肃少年儿童出版社
　　　　　（兰州市读者大道568号）
印　　刷： 三河市南阳印刷有限公司
开　　本： 880毫米×1360毫米　1/32
印　　张： 4.5
字　　数： 144千
版　　次： 2016年5月第1版　　2021年6月第2次印刷
书　　号： ISBN 978-7-5422-3679-1
定　　价： 28.00元

如发现印装质量问题，影响阅读，请与出版社联系调换。
联系电话：0931-8773267

目 录

一、一点儿小概念

在一个阳光灿烂的春日早上，恰逢假期，突然之间，手机铃声响了起来，原来是远方的好朋友打来电话，说，这边山里春光正好，漫山遍野油菜花盛开，你们来这里聚会吧，我发照片给你们看！

插问 如果没有电话，我们如何得知千里之外的那一山花儿正开得灿烂呢？

漫山遍野油菜花盛开，你们来这里聚会吧

挂掉电话，手机里果然传来了一组盛开得鲜艳欲滴的花儿们的照片，那阵阵花香仿佛透过屏幕已经传了过来，微信里面，几个朋友对于聚会的话题讨论正热烈，哪天出发，在哪里见面，带什么相机，品尝什么特色小吃，来一场说走就走的旅行。

于是，买机票的买机票，坐火车的坐火车，离得近的自驾前往，本地的，则为大家的到来做好各种迎接的准备，为了这一场久违又那么一点突然的欢聚。

这是我们生活中再熟悉不过的一件事情，这些事情每天都会发生，无论开心还是忙碌，每一件类似的小事都填满了我们的生活。

正在阅读本书的你，不知道是否曾经想过，如果有一天，没有电话，也没有电脑和电视，那样的日子会是什么样子的呢？

什么？你说不能玩游戏了？先等会儿再想游戏的事情吧，读完这本书再去考虑。

如果没有火车和飞机，我们又如何可以在花谢之前尽情欣赏千里之外的山花盛开呢？如果没有以上的一切，住在天南地北的伙伴们，无论是上学期转学走的同桌还是小学的班长，是不是从分别以后，这辈子就再不会有联系了？我们该如何传递信息呢？

因为这样一次思考，于是就有了你面前的这本书。

今天，我们就来谈一谈通信的故事。

上面那些假设都是事实，只不过它们都是历史，在没有电脑、手机、电视等等一切现代化工具之前，那时的人们就是用最原始的方式来传递信息的。现在我们每天再熟悉不

小贴士

科学家研究发现，由于"b"、"p"、"m"等音节比较容易发音，所以尽管远古人类分布在世界各地，但最开始发音的词汇应该是类似的，这也是为什么各国语言中对于"妈妈"一词的发音都是类似的。现在，知道为什么我们一年级拼音要从"b"、"p"、"m"学起了吧？

过的任何一件小事情，放在以前，都是魔法一般的存在，有些人甚至终其一生，为了去做一件我们现在轻而易举就能办到的事情奋斗，甚至献出生命。

在过去的几百年、几千年甚至几万年中，信息，是如何传递的呢？请放下你手中的游戏，随我一起走进那段历史吧。

信封

说到通信传递，或者说消息传递，其实有几个要素，是构成一次消息传递的重要组成部分。既然都提到"通信"这个词了，我们就拿寄一封信来举例子，说明这些要素吧。

我已经把信息放在载体上，请你传递出去。

哈？干啥？

就是让你替她送信，笨蛋！

书信

在我们为远方的朋友写信的时候，信的内容，叫作"信息"或者"消息"，这是最核心的部分，因为我们要告诉别人一些信息，所以才有了信息的传递这个行为，也是一次通信能够发生的根本原因。

信纸、写信用的笔、墨水，信封，这些加起来叫作"信息载体"，因为消息是承载在这上面的，当然啦，你如果愿意，也可以拿录音笔录下声音来给朋友用快递寄走，这个时候录音笔就是承载信息的"信息载体"啦。

寄信本身，是一个动作，是通过邮局或者快递公司寄出的，邮局或快递公司用火车、飞机等等工具，把信件或者录音笔，送到你指定的地方，最终将信件送到收件人手中。

这个寄信或者寄快递的过程，叫作"通信方式"。

已经有三个概念了，"信息"放在"信息载体"上，用"通信方式"传递出去，就完成了一次信息传递的过程。

无论是写信、打电话、手机里应用软件通知……各种方法，都离不开以上通信方式三要素。

人类从古至今通信方式的演进提升，也是通过提升上面的三个要素来完成的。

看似不太容易理解的概念，听我讲故事就可以理解了。

好了，现在，重读一遍这句话，我们开始讲故事了。

"信息"放在"信息载体"上，用"通信方式"传递出去，就完成了一次信息传递的过程。

芝麻开门……

二、古代人怎样传递信息

很久很久以前（很多故事都是以这句话开始的），当人类刚刚从猿进化成人的时候，人类的沟通与信息传递就开始了。

从人类开口说话到文字出现

远古人围在火堆旁跳舞、唱歌，用声音来表达情绪

尽管研究了大量的化石、古迹，做了大量的实验，科学家们还是没能搞懂人类到底是什么时候起开口说话的，有一种说法是 60 万年前，人类进化出了一种可以发出吼叫声的喉结，可以吓退同类或凶猛的动物，另一种说法是 20 多万年前，人类可以发出复杂的音节来保证声调的变化，传递信息的不同。

所以远古人围在火堆中跳舞、唱歌，用声音来表达情绪，是信息传递的一种；用手势比划、拟态的手语也是信息传递的一种。前者我们至今还会在非洲部落仪式中看到，后者在现代社会的最广泛应用就是手语（也称之为哑语）。

总之，那是个很久远的年代，人类通过声音配合手势来传递信息。

说出一个音符，打一个手势，听到并领会。一次信息传递就完成啦，慢慢地，随着人类的进化，大脑的发育和对外界事物认识的不断提升，吼声变成了有节奏的音节，这就是人类开口说话的历史。

如此简单吗？

是的，这就完成了一次通信。

在上古时期的原始社会，世界上几个不同的大陆的原始人，不约而同地发现一

南方古猿，一个从猿向人
转化中的物种

件事情：用声音传递的信息已经不能再满足交流的需要了，要么听不清，要么记不住。没办法，那个时候的原始人，脑容量的确比现在我们要小很多呀！

于是，人们开始发明新的通信方式，一开始用石头堆叠起来，表达不同的意思，后来发现，石头太重了，搬动的时候又容易砸到脚，于是研究来研究去，改用绳子。

这就是结绳记事的起源。

结绳记事，对于记数来说是再容易不过的啦，表示 1 就打一个结，

小贴士

《河图》和《洛书》是中国远古时代燧人氏氏族的两本奇"书"。《河图》《洛书》并非文字之书，而是两幅神秘的图案，它以若干白点"○"和黑点"●"作为符号，有规则地刻在龟板上，构成数字性和结构对称性的图式。

《河图》有 1~10 个自然数，《洛书》有 1~9 个自然数，图中的数理表示方式与结绳计数的方式相符，是燧人氏结绳记事的发展。

《河图》《洛书》是一个时代的代表。她代表的是开创人类用火、创立符号文字的新纪元时代。

表示 10 就打 10 个结，表示 100 怎么办？改进一下，用细绳子 1 个结代表 1，粗绳子打结代表 10。

15、16、17……

他要用结绳记事的方式告诉家里，把欠我的100元寄给我。那要等多久才行啊？

他说是10000分钱，不是100元。

嘻嘻

　　我们的原始人祖先发明了用不同的绳子记事的方法，比如，用珍贵的动物毛搓成的绳子打结，代表这是战利品；用草汁、动物羽毛等制成的不同颜色的绳子打结，代表不同类型的物品……

　　总之，想要记下什么来，在各种不同的绳子上打不同的结就好啦。双方约定了一件事情，打好结，过几天再拿出结来进行交易，人在结在，双方好算账。

插问 结绳记事有哪些优点和缺点呢？

好吧，既然你问了这个问题，那就告诉你。
结绳记事的优点：
1，方便易懂，记数容易；
2，材料随时随地容易获取；
3，沟通方便，容易交换。
结绳记事的缺点：
1，不方便记录复杂的信息；

结绳记事。一个结一件事，一根绳就是一本日记，一堆绳就是一部历史

2，绳结不容易保存；

3，结绳方式不通用，解释起来太麻烦。

伟大智慧的中华民族对结绳记事，有过如下的记录：

《九家易》说："古者无文字，其为约誓之事，事大大其绳，事小小其绳。结之多少随物众寡，各执以相考，亦足以相治也。"

意思是：古时候，没有文字，人们遇到需要记录的事情就通过系绳子来记忆，大事情就系个大结，小事情就系个小结。打结的多少是根据事情的多少而定的，事多结就多，反之亦然，大家拿着绳结为证，也是可以满足相互的要求的。

《周易·系辞·上》曰："上古结绳而治，后世易之为书契。"

意思是：上古时代没有文字，人们结绳记事，治理天下。后来人发明了文字，于是人们改变了结绳记事的方式，换为写字记录。不过那时候没有纸张，文字是用刀刻在陶器上或是龟甲兽骨上。

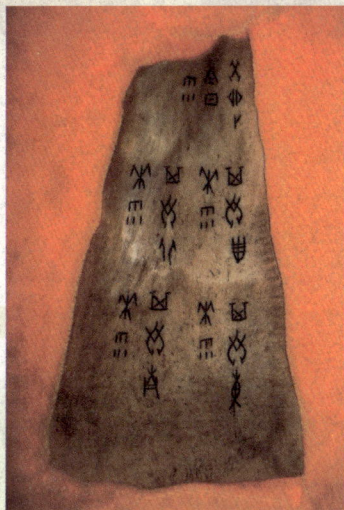

甲骨文，刻在乌龟的甲壳或者野兽骨头上的文字

小实验：口耳相传

实验准备：找十位志愿者（少一点也行，比如五位）

实验步骤：1，你先在纸上写一句话，比如"明天中午我们在学校东边的超市见"。注意不要让别人看见。

2，你在第一位志愿者的耳边小声说刚才在纸上写的那句话，不要让其他志愿者听见。

3，让第一位志愿者同样小声在第二位志愿者耳边重复他听到的话。

4，依次这样传下去，直到最后一个人。

5，让最后一个人大声说出他听到的话，和你写在纸上的话做对比。

实验结果：当然，有可能最后一个人说的话和你纸上写的一样，但是，更大的听说你会写甲骨文，太厉害了！

看，我把字写在野兽骨头上，不就成了甲骨文吗？

1.2.3.4.5.6.9

可能是，这句话已经被传得走了样，变成类似"有点粥我们在学校中间的教室煎"意思完全不对甚至不可理解的样子。

实验结论：好记性不如烂笔头，有事还是写下来比较保险。

前面说到了远古人类用语言和结绳来记录信息。可是时间久了，语言需要人脑的记忆，有比较大的不确定性，有时旅行者把一个口信捎到很远的地方，意思会发生变化或者忘记，所以在越来越多的信息需要被记录的情况下，文字就产生了。

谈到文字的发展史，真是三天三夜也说不完。拜文字所赐，我可以写下这些故事，呈现给此时正在阅读的你。我可以在春天写下一些信息，交由出版社印刷出版，当你拿到这本书阅读的时候，有可能是冬天，甚至几年以后了。

看到没，这就是文字记录的力量，

小贴士

造纸术是古代劳动人民智慧的结晶，早在西汉便有纸类文物出土，东汉元兴元年蔡伦改进了造纸术，他用树皮、麻头及敝布、鱼网等原料，经过挫、捣、抄、烘等工艺制造的纸，是现代纸的渊源。这种纸，原料容易找到，又很便宜，质量也提高了，逐渐被普遍使用。为纪念蔡伦的功绩，后人把这种纸叫做"蔡侯纸"。

11:55 AM

它存储确定的信息，在不同的时间里呈现给需要的人，也可以保存很长时间，用于查阅、传承，而不像语言那样不确定性较强，只取决于人的记忆。

什么，你说录音技术？鉴于电力的应用与电子设备的发明是现代的事情，我们暂时不谈论那些。

我们的文字从远古时代基本上都是由绘画符号演变而来的，从远古人类刻在岩洞上的图画开始，到后来记录在龟壳上的象形文字（最著名的当属我国古代的甲骨文），还有刻在金属器皿、竹简上的文字，采用的基本都是"使用工具在平面物体上记录符号"的路数，那个时候写下一个文字的代价比较大，也不可以轻易地修改，远不像我们现在用电脑键盘敲下作业文字，修修改改轻松。

再后来，象形文字演变成了符号，各国各地区有了不同的书写规范，书写材料也从竹简和布料变成了纸，造价的低廉与易书写的特点，使得文字的普及率大大提升，后来又有了印刷术的提升。在历史长河的演变中，文字固定下来了，有了语法与应用，也有了对于文字的研究，延伸出了小说、诗歌等用文字才能体现出美丽的作品……最终，远古时期的象形文字，变成了现在我们接触到的各国语言。Hey,How are you?

值得一提的是，造纸术与印刷术是我国古代四大发明中的明珠，中国人为世界文字发展做出了不可磨灭的贡献。

蔡伦。邮政部门常常会以杰出人物为题材发行邮票

有了文字，记录下来，我们可以沟通得更远，更加准确，也有了真正意义上的"通信"，沟通与交流这件事情，在文字出现以后，变得顺畅了起来。

后来，北宋发明家毕昇发明了活字印刷，改进雕版印刷这些缺点。他总结了历代雕版印刷的丰富的实践经验，经过反复试验，在宋仁宗庆历年间制成了胶泥活字，实行排版印刷，完成了印刷史上一项重大的革命。

毕昇的方法是这样的：用胶泥做成一个个规格一致的毛坯，在一端刻上反体单

甲骨文	金文	小篆	楷体

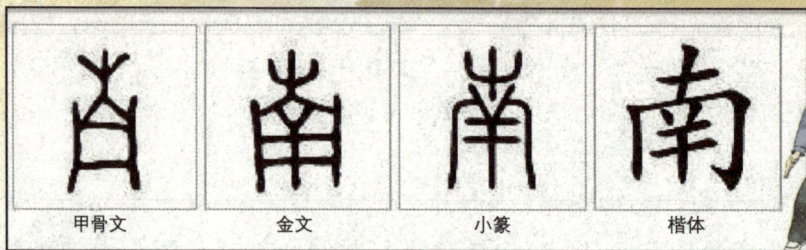

这几个字都是"南"字。最初的样子不好认，经过几千年，慢慢就演变成我们熟悉的样子了

字，笔画突起的高度像铜钱边缘的厚度一样，用火烧硬，成为单个的胶泥活字。只要事先准备好足够的单个活字，就可随时拼版，大大地加快了制版时间。

顺便说说中国的汉字。中国的汉字在春秋战国时期的七国是各不相同的，直到公元前221年秦始皇统一中国后，下令"书同文"，以秦文为依据，使"小篆"作为标准文字通行于天下。后来狱吏程逸又根据民间流行的字体，整理出更为简明易行的新书体——"隶书"，作为日用文字在全国范围推广。隶书的出现是我国文字由古体转为今体的重要里程碑。隶书就是今天通用楷书的前身。

今天，你可以轻松地用任何写字软件看到"隶书"、"楷书"的样式，来简单体会一下古文字的感觉，由于古代文字与我们阅读的文字还是有所不同，所以真的只是体会一下而已。

中国古代的通信故事

插问 那么古人怎么通信呢？

火，对，就是用来烧烤食物与取暖的火，也可以传递信息。

最初人们取火是为了生存的需要，比如把生肉烤熟，吃起来更容易消化，再撒点盐和孜然……好像说跑题了。

自原始社会起，火就用于信息的传递，人们用火光、浓烟来表示"快来呀，这里有好吃的"或者"快撤退，这只野兽太凶猛我们打不过"。

渐渐地，在古代战争中，人们习惯于用烽火来传递信息，来表示有紧急的战事情况。

什么是烽火呢？就是在烽火台上点燃的火。那什么是烽火台呢？是古人修建的一些防护的堡垒，久而久之形成了高高的台子，台子上用于放置可点燃的东西，里面掺杂一些柴火和狼粪，所以烽火也叫狼烟，所以有成语"狼烟四起"来表示战争爆发。

烽火点燃后有烟直直上升，很远就能看到，晚上还会有火光。不同的颜色代表不同的消息，古时烽火台有专人职守，隔一段距离就会有一个，当士兵看到前一个烽火台点起来，就依样画葫芦地也点一堆，多个烽火台连续点燃，就可以将信息快速地传递，在古代打仗的时候，应用广泛。古人真是太聪明了。

> 屋子里发现苍蝇，我点了一把烽火求救，结果……

> 着火了！糟了！

白天放烟，夜里点火。战争的警报就这样无声而迅速地传递。

烽烟传达的信息除了敌人入侵以处，还有敌人人数多少，是否被击退等

历史上关于火传递信息最著名的故事应该是"烽火戏诸侯"了。

周幽王是西周最后一个国王（至于为什么是最后一个，待会儿就知道了），他有一个非常宠爱的妃子叫褒姒，长得非常漂亮，但是呢，整日愁眉不展，闷闷不乐。这时候周幽王有个大臣出了一个主意，周幽王觉得办法不错，或许可以博得美人一笑。

于是，在那个大概 2700 多年前的黄昏，周幽王带着褒姒登上城楼，命令属下点起烽火，告知诸侯迅速集合。附近的诸侯看到烽火，以为敌人来侵犯了，饭也不吃了衣服也没穿好，集结了大部队赶来应战。到了一看，锣鼓喧天，彩旗飘飘，娘娘在台子上笑得花枝招展，原来大王在逗娘娘一乐呢！心里那个生气，想想没吃完的鸡腿和一路上闻到的烽火狼粪味，心里的恼火，就别提了。

再后来，敌人真的入侵，周幽王再次点起烽火，诸侯们谁也没往心里去，以为又逗乐呢。于是，周幽王被敌人杀死，西周结束了。

这个故事告诉我们，打断别人吃饭是件很可怕的事情……好像又说歪了。

再来一次。

这个故事告诉我们，无论是谁，失信于人是很可怕的事情，我们做事请一定要遵守规则与承诺。

无论如何，烽火在我国古代一直是比较有效的传递战事情况的方式，不同的颜色等可以表示敌人进犯的人数等情况，只需要按照约定的信号来即可。直到明清时期，烽火还在很多地方使用。

但是烽火也有一些局限性，比如没有办法双向传递，表达内容单一，所以一般烽火会配合用人来传送的情报一起使用。

插问 类似烽火这样用暗号传递信息的方式，现在还有哪些应用？

答案：海军旗语。

前面介绍了文字的发展，介绍了各种必要情况下古人信息传递的紧急性，一般来说，需要传递的消息都有着必须要快速传递出去的特征，在没有现代化通信手段的古代，是怎么做到的呢？这里讲几个故事。

公元100年，汉朝有个大臣叫苏武，出使匈奴，匈奴的最高首领很欣赏苏武的才能，想迫使苏武投降匈奴，被苏武严词拒绝。

于是首领便将苏武扣下，把他流放到荒无人烟的地方，去牧羊，一待就是十九年，虽含辛茹苦，但始终不曾向单于屈服。

后来汉朝的皇帝汉昭帝与匈奴和亲，出使匈奴的汉朝使者问起苏武之事，匈奴首领撒谎说苏武已经死了，但这位使者私下里打听到苏武仍然在北海牧羊，于是回去后就把这个情况报告了汉昭帝。

苏武留胡节不辱，雪地又冰天，苦忍十九年……如果汉朝不知道他还活着，也许他还得继续放羊

汉昭帝眉头一紧，计上心来，于是又派去一个使者并对匈奴首领说："大汉天子喜欢打猎，有一次射下一只大雁，雁腿上系着一封信，是苏武的亲笔信，上面写着苏武还活着，现在北海牧羊。"匈奴首领听后，见无法抵赖，只好放回了苏武。

虽然这只是当时皇帝的一个计谋，但可以想象，当时一定有人已经在利用大雁

传书了，否则这个故事就缺乏根据，匈奴首领也不会轻信。

这个著名的故事就是《苏武牧羊》，已经被广泛地改编为小说、诗歌、影视作品，其中鸿雁传书的故事也被流传了下来。

> 鸽子，请将信送去给飞飞。

> 你这是送信还是送外卖？

> 飞飞最爱吃的就是烤乳鸽呀。

关于"鸿雁传书"，还有一个凄美的爱情故事，唐朝的时候，薛平贵远征在外，妻子王宝钏苦守寒窑数十年，矢志不移，依靠野菜度日。有一天，王宝钏正在野外挖野菜，忽然听到空中有鸿雁的叫声，引起她对丈夫的思念。她请求鸿雁代为传书给远征在外的薛平贵，好心的大雁竟然欣然同意，可是荒郊野地哪里去寻笔墨？情急之下，她便撕下罗裙，咬破指尖，用鲜血写下了一封盼望夫妻早日团圆的家书，让鸿雁捎去。

可见，"鸿雁传书"是寄托古代人美好愿望的一种书信传递方式。

因为鸿雁是信守时间的候鸟，而且成群聚集，组织性比较强，所以古人渴望通过这种守时的候鸟传递信息，所以在我国古代，鸿雁本身就有书信的含义，把鸿雁称为"雁使"，把信使也称为"雁足"。

有的时候我们提到"鸿雁传书"，并不一并指的是大雁，还会指鸽子，确切点说，是信鸽。

早在 2500 年前，我们祖先就开始驯养信鸽。比我们早一点的公元前 3000 年左右，古埃及人也开始用鸽子传递书信了。

鸽子对地球磁场的感觉很灵敏，而且特别恋家，非常好训练，也不需要工具把他们射下来，

魔法世界也用鸟类传递信息，比如哈利·波特的猫头鹰

这是它们先天具备的优势。

用信鸽传递信息最有名的，当属西夏与北宋的战争中的好水川战役。当时夏军假装被打败，引诱宋军追赶进入早已埋伏好的好水川，然后在好水川中放置五六只密封的大盒子，宋军不知其中有诈，打开盒子后，只见一百多只信鸽扑棱棱朝天空飞去，每只鸽子身上都带着铃铛！于是早已埋伏的十万夏军得到信号，将宋军消灭在好水川。

直到通信技术高度发达的今天，信鸽在军事也发挥着重要的作用，比如在边疆高原哨所，我们便一直使用鸽子来传递信息，信鸽的使用从古至今一直都是"主流"，只不过，作为信使或者邮政的象征，信鸽远远没有鸿雁有名罢了。

小贴士

早在 1897 年大清邮政发行的普通邮票中，便有飞雁；1987 年 7 月 1 日发行的《邮政储蓄》邮票，整版票分上中下三格，两个过桥上印有绿色鸿雁图案。

清朝政府发行的飞雁邮票

总之，在那个年代，把信件放在鸟类身体上传递，几乎是最快的通讯方式了。

我们在晴朗的天空下去广场或旷野外放飞的风筝，也是古代用于应急的通信工具之一，曾发挥过非常重要的作用。

风筝最早被发明出来，还真不是让我们在风和日丽的时候带上它去春游的，而是用于军事侦察、传递军事消息和情报，到唐代以后，风筝才逐步传到民间，成为一种玩具。

据说风筝是由鲁班发明的。两千多年前，鲁班依照鸟的样子，用竹子削了一只飞鹊，由于制作精巧，符合空气动力学原理，在天上飞了三天三夜都掉不下来，这种以竹木为材制成的会飞的"木鹊"，就是风筝的前身。

到了东汉，蔡伦改进了造纸术，有了更轻的材料，于是用竹子作为鸟的骨架，用纸糊在竹子骨架上，就做成了"纸鸢"。五代时期，人们在做纸鸢时，在上面拴上了一个竹哨，风吹竹哨，声如筝鸣，"风筝"这个词便由此而来。

你一定听过四面楚歌这个成语，其实它的故事与风筝也有一定的关系。

楚汉相争的时候，汉王刘邦把楚霸王项羽围困在垓下，项羽的军队几天几夜都没有合眼，也没有吃过东西，这时候刘邦用丝帛制作了一些风筝，放在项羽军队上空，呜呜作响，凄惨异常，同时在楚军周围吟唱他们家乡的曲子，引起楚军思乡之情，楚军人困马乏加上恐惧与思乡，再也承受不住，心理崩溃，于是纷纷向刘邦投降。最终楚霸王项羽节节败退，自刎于乌江。

鲁班，传说中伟大的发明家、工程师

在这个故事里，风筝扮演了传递恐惧的作用。

公元前549年，梁武帝萧衍由于手下人背叛，被围困在南京的台城。有一员大将建议皇帝写好告急文书藏在风筝中，然后放出城外，搬运救兵。太子听从了这个意见，扎了一个很大的风筝，在风筝背面绑上告急文书，用长长的绳子放出，写明谁若获得此文引来援军，赏银一百两。

敌人突然见到风筝从城中飞起，认为是有妖人施展的一种法术，便急令士兵射箭。只听"扑通"一声巨响，风筝一头栽了下来。太子连放了好几只风筝，都被敌人射下，梁朝终未得救。

天空中的风筝。古人也用它传递消息

在这个故事里，风筝传递消息失败了。

尽管如此，风筝在我国古代传递消息中起着重要的作用。它的好处是，造价低，使用成本也低。但它受很多不确定因素的影响，比如风力，以及又不像飞鸽或者大雁那样有明确的目的地，所以在战场上，用风筝传递信息，只是一种补充。

鱼传尺素，是一个成语，一个我们平时不太常见的成语。

尺，字面意思上是一尺，素呢，字面意思是白色绢帛。但这里，尺素两个字是一个词，意思就是用绢帛写成的一尺来长的东西，这样的东西在古代，往往就是书信或者文章了。

所以鱼传尺素这个成语放到现在的意思，其实指的就是传递书信。

插问 但书信为什么要用鱼来传递呢，鱼怎么传递一尺长的绢帛呢，用嘴巴叼着么？

古乐府《饮马长城窟行》中有云："客从远方来，遗我双鲤鱼。呼儿烹鲤鱼，中有尺素书，上言长相思，下言加餐饭。"

从字面意思理解，有客人从远方来，给我带了两条鱼，喊过儿子来烧鱼吃，发现里面有一封信，表达了相思之情，同时也表达了多加餐饭的关心之意。

传说，鱼也可以作为传递书信的通信方式。

我懂了！它传递的是我肚子饿的信息。

哈哈

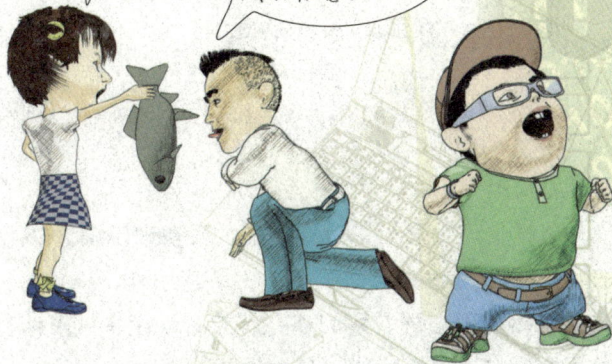

哦，原来是把绢帛放在鱼肚子里，杀了鱼，书信就取出来了，顺便还能收获一盘美味的红烧鲤鱼呀！

其实不是的。这里的鲤鱼，不是指的真正的活鱼，而是一种刻成鱼形状的木板，为什么是双鲤呢，因为两块木板合在一起，就变成了信封，正好把绢帛装进去。古代传递书信的时候用木板制成鲤鱼形状，外面用绳子捆扎，有时再糊上泥印，这样就防止别人私拆或偷看。

所以，并不是真正的杀鱼吃。

不过真正从鱼肚子取出书信的故事也有一个。

相传姜太公钓鱼的时候，曾经钓上来一条鲤鱼，告诉他将来被封在某地，等多年以后听周武王宣封，果然如鱼腹中书信所言。

不过古代传统意义上，鱼传尺素就是传递书信的意思，所以鲤鱼跟鸿雁、信鸽一样，也有书信传递大使的美名。

宋代秦观的《踏莎行》词也有对"鱼传尺素"的描述："雾失楼台，月迷津渡，桃源望断无寻处。可堪孤馆闭春寒，杜鹃声里斜阳暮。驿寄梅花，鱼传尺素，砌成此恨无重数。郴江幸自绕郴山，为谁流下潇湘去？"

翻译成现在的话就是：雾迷蒙，楼台依稀难辨，月色朦胧，渡口也隐匿不见。望尽天涯，理想中的桃花源，无处觅寻。怎能忍受得了独居在孤寂的客馆，春寒料峭，斜阳西下，杜鹃声声哀鸣！远方的友人的音信，寄来了温暖的关心和嘱咐，却平添了我深深的别恨离愁。郴江啊，你就绕着你的郴山流得了，为什么偏偏要流到潇湘去呢？

古代国外的通信故事

世界之大，无奇不有，在国外人们是如何来传递信息的呢？

前面讲了我国古代是怎样传递信息，以及通信的，现在来说说老外。

这里有一个著名的马拉松的故事。

马拉松现在几乎成了长跑的代名词。我们现在有的时候说一件事情特别不容易做，要耗费很长时间，还会形容这件事情像"马拉松"一样。

马拉松赛是一项正式的长跑比赛项目，距离大概有 40 千米多一点，这是什么概念呢，如果我们骑自行车，慢慢骑，大概要骑三个多小时，即使骑得快，也要 2 个小时左右。前面我们说过，中国古代邮驿通信，一个人每天才走 50 里左右（不是千米哦）。

马拉松比赛的距离的确定要从公元前 490 年一场战争讲起，这场战役是波斯人和雅典人在离雅典不远的马拉松平原发生的，史称希波战争。

公元前 490 年，波斯皇帝为了占领希腊，就派了 600 艘战舰、10 万大军横渡爱琴海，来到了战略要地马拉松河谷，直逼希腊首都雅典。雅典人民全国上下团结一致，为了维护民族尊严，决心与波斯皇帝的军队开展殊死决斗。

菲迪皮茨被认为是第一个跑完马拉松全程的人

经过不知多少日夜的英勇奋战，波斯皇帝的军队被打得人仰马翻，溃不成军，四处逃窜。这就是人类历史上以少胜多的著名战役——马拉松战役。

在马拉松河谷激战的同时，聚集在雅典广场的数万民众正在焦急地等待着战场上的消息。为了尽快把这振奋人心的喜讯报告给雅典城内忧心忡忡的居民，指挥官派了一个有名的，外号叫作"飞毛腿"的

欢乐吧，我们胜利了！

前方报喜的电话，昨天就已经收到了。

我们早就庆祝完了！

1896 年在雅典举办的第一届现代奥运会

士兵，叫菲迪皮茨的，到首都去报告喜讯。为了尽快把这个好消息带回去，他来不及脱掉军装，便携带着大刀，不顾口干舌燥、饥饿和疲劳，一口气从马拉松河谷跑到雅典城，当他跑到雅典时，已上气不接下气。

面对盼望已久的人群，他竭尽全力高呼：“欢乐吧，我们胜利了！”等待已久的人们欢呼雀跃，他却倒在地上，从此再也没有醒来。

为纪念雅典这位爱国英雄，在 1896 年举行首届奥运会时，顾拜旦采纳了历史学家建议，设立了这个项目，并定名为“马拉松”。比赛沿用当年菲迪皮茨所跑的路线，距离约为 42 千米 195 米。此后十几年，马拉松跑的距离一直保持在 42 千米左右。

马拉松赛跑的优胜者之所以被人们称为“最伟大的运动员”，是因为这一奥运会的比赛项目表现了全人类的共同心愿——对祖国的热爱、对和平的向往、对自由的追求。

同时，这也代表了古代雅典人最早的信使——尽管传播的是口信——也是通过跑步来传递信息的。

向伟大的历史致敬。如果你所在的城市有马拉松运动，可以尝试去跑个半程，感受一下古雅典人在奔跑中怀揣胜利信息的喜悦与传递信息的艰难。

小贴士

世界上最早的灯塔在埃及北部近海有一座名叫法罗斯的小岛，小岛的对面是希腊王朝的宫廷所在地亚历山大城。这个王朝在法罗斯岛与大陆之间修建了一道巨大的堤坝，这样就形成两个安全的港湾，以便各种船儿在此停泊。

其实，外国与中国差不多，古代的通讯方式都是比较慢且传统的，需要人力逐步来实现。

国外早期用得比较多的通信方式，灯塔算是其中之一。原理跟前面的烽火台差不多，都是依靠在高处点燃的东西来指示不同的内容。

在公元前约270年，希腊王朝的皇帝托勒密二世委派希腊建筑师在法罗斯岛东端建造了世界上第一座灯塔，主要是为了让进入亚历山大港的船只可以看清方向（什么，你说看星星辨识方向？阴天下雨怎么办呢？），又可以成为展示复兴的埃及君主显赫名声的巨大标志。

据说，在灯塔接近顶部的地方燃火，从海上30英里（大概48千米，比一个马拉松稍微远一点）远的地方可以看到火光。法罗斯灯塔作为古代世界的七大奇观之一而被后人永远铭记。

位于埃及的亚历山大灯塔。据说使用时间长达 1000 年

另外，古罗马人建造了一系列灯塔，从而创建了最早的灯塔网络体系。

在全世界所有的古老的灯塔中，建于1304年的意大利的莱戈恩灯塔至今仍在使用。这座灯塔用石头砌成，高50米。

1850年，全世界仅有灯塔1500多座，到了1900年增到9400座。到1984年初，包括其他发光航标在内，灯塔总数已超过55000座，可见灯塔在信息传递中起到了巨大的作用。

1684年英人胡克用各种显明的符号悬挂高卢，互相传讯。1793年，法人却柏改善胡氏的方法，以十字架两端木臂上下移动的位置，表明各个字母，作为通讯之用。

1814年法皇拿破仑从放逐的厄尔巴岛逃回巴黎的消息，即用旗语的方式在很短时间内传遍欧洲各地。中国人自然也有中文的旗语，中文旗语则是由英文双旗语的数字旗式研究出来的。

海军等旗语中，不同的旗子，不同的旗组表达着不同的意思。对于专业人员来说，却是一种公开的秘密。

比如信号旗有 5 种规格。分为 1 号、2 号、3 号、4 号、5 号。1 号最大，5 号最小。一套信号旗有 46 面。有各种不同的功能组成。

手旗旗语，也就是手拿旗子打出的旗语，也是一种海上通信方式，适用于白天、距离较近且视距良好的情况下。

你停了半天的旗子，我还是没看懂啊……

我旗语的意思，就是告诉你我不懂旗语！

虽然有了无线电等技术，旗语仍然是重要的联络方式

手旗是一种方形旗，面积不像悬挂的旗子那么大，根部套有一根小木棍。

手旗通信需要使用两面旗子，信号兵每手各持一面旗子，站在舷边较高较突出的部位，通过旗子相对于身体的不同位置，表达着不同的字母和符号。

例如，左手垂直举起，右手平行伸出表示"P"。右手垂直举起、左手平行伸出表示"J"。两手平行伸出表示"R"。两手垂直举起表示隔音。几个拼音字母组成一个字，若干个字组成一个意思。如果你有兴趣，不妨找一些相关的书籍来学习一下。

三、最早的邮局和快递

最早的邮局和快递

前面说了很多，从远古人类到各种有趣的书信传递的故事，其实，古人有一种最正式的书信传递方式，就是邮驿制度。

 驿站就是客栈，我说得对吗？

有关驿站的历史

我国远在周朝的时候就建立了专门传递政府文书的驿站，驿站的通信人员主要是用骑马的方式（也有用车或者徒步），将文书一个驿站接连又一个驿站地传递下去的，这其中为了保证文书的准确与迅速，制定了一系列的完整制度，这就是邮驿制度。

公元前221年，秦始皇统一中国，就把邮驿制度定为了官方的书信传递交流制度，一朝一朝的传承了下来。

 不就是送一封信吗？我一个手指头就能搞定。

我们古代的官方书信，就是这样通过骑马传递的方式，通过大概每小时15千米的速度，在马背上传递了一千多年。

 这是我用堆石记事的方法写的信，请帮我送回家。

 信来啦。

最早的时候，官府传递的文书只能是正式的公文往来，比如说打仗的时候前方战报往来，比如大旱大涝之年关于民生民情的传递，官方邮驿能力有限，马儿的负载能力有限，最早的时候有些书信还是写在竹简上的，所以官方邮驿是严禁夹带个人书信的，也有官员利用交情私下传递家书，但大部分

我国现存最大的驿站——河北张家口鸡鸣驿

民间家书等传递，都是通过商人或者朋友寄送的。直到宋朝，邮驿制度渐渐发达了起来，民间书信也可以通过官方渠道传送。

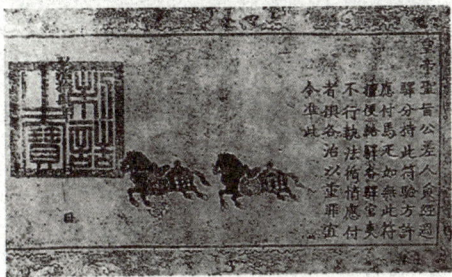

古代"邮递员"的"通行证"

每个朝代都有专门管理邮驿的官员，职能不同而管的事情不一样，有人专管道路的修建，有人管理文书往来，有人管理信使的休息，有人管理马匹、车辆和徒步送信的人……

秦朝的时候，秦始皇为了巩固中央集权制，各地方需要向中央政府汇报各类情报，秦始皇每天阅读的奏章，有120斤。

为了保证传递的文书的准确性，古人有很多种方法。

周代战争频繁，军事通信中积累了丰富的经验，最为著名的是阴符与阴书，这是古代最早的密信。

再比如在书简外面捆扎时用不同的绳结，然后用泥封起来，泥封外面甚至再盖章盖印。又比如用符节保证信使地位的重要性，符分为左右两半，一半君王持有，一半交给信使，拥有这一半符节的信使，在通信过程中就有了特权，比如优先放行，

可以调兵等等。古代私自偷看并泄露文书机密，重则绞刑，只是私拆书信，也要有杖刑八十等重罚。

水路邮驿也是一种常用的信息传递方式，隋唐时期较为鼎盛，唐朝对于水路送信有着比较严格的规定，逆水行舟，每日30至60里不等，顺水行舟，100至180里左右，其中行舟还分为空舟和载满货物的情况。马匹则是日行180里至300里，在最为紧急的情况下甚至要求500里每日，人员步行则每日50里左右。

可见，马匹运送是古代最快的传递信息方式，难怪宝马良驹在古代是非常重要的坐骑，古代人的出行速度全靠它啦。

小贴士

早在汉代，邮驿通信的三大要求是迅速、准确、安全，这与现代邮递的要求是一致的。实际上，我国古代邮驿制度基本上是靠基础建设的稳固，一代一代传承，以及在前一代基础上加工改进而来的。

驿站与通信

从西周开始，中国的通信组织不断完善，形成了以步行乘车为主的邮传通信系统。我国进入东汉以后，战事频繁，通信工具废除了传车，改以快马。

在通信牌符方面，曹魏除继承汉代的铜龙符、竹节使外，还创造了另一种信物——信幡，是一种用各种不同图案和颜色制成的旗帜，用图案的变化来传递信息。

隋初，中央集权的国家机器得到了加强，在通信方面，建有馆、驿、台传，送信的制度日渐完善。

隋唐的时候，邮驿制度已形成一套完整的管理体系，包括行政和监察两大部分；唐代邮驿的中央管理机构是尚书省。

唐代驿站遍布全国，急递则必须飞骑日驰300至500里。

驿站是传递政府公文的机构，很长时期禁止寄送私信。直到皇帝宋太宗才诏令臣僚，允许臣僚把他们的家信交驿附递。从此大臣官员们也可以享受到驿站送家书私信的便利了。

元朝因袭旧制，由兵部管理驿站；同时元政府又在中央设立了专门机构叫作通政院，管辖全国驿站。

清代的邮驿，由驿、站、塘、台、所、铺六种组织构成，统称邮驿，邮驿的名称正式开始使用起来。

为在古代的驿路上实现一种更高的传递效率，清政府对邮驿进行了一系列的变革和改造，首先是"裁驿丞，归州县"。驿丞是主管驿站的官吏，清朝顺治年间裁驿丞，归州县，可以充分发挥地方行政机构的作用，不仅加强对邮驿的管理，还可以节省开支，减少冗员。

民信局复原图

清代邮驿的设置较前朝更为普遍，由近 2000 个驿站、7 万多驿夫和 14000 多个递铺、4 万多名铺兵组成的清代全国邮驿组织，规模庞大，星罗棋布，网路纵横，无论在广度和深度上都超过了以往的任何朝代。

我国民信局产生于明代永乐年间，至 1935 年 1 月 1 日，国内民信局全部停歇。

围魏救赵说明了什么

插问 围魏救赵的成语我们知道，这和驿站有啥关系呢？

关于驿站有许多故事，围魏救赵就是其中的一个。

围魏救赵是三十六计中的一计，讲的是公元前 354 年，魏国军队围住了赵国的都城邯郸，双方战争一打就是好几年，无论是魏国还是赵国都已经人困马乏支撑不住了。

这个时候，齐国应赵国的求救，派田忌为大将军，任孙膑为大军师，带领了八万人来支援赵国。开始的时候，大将军田忌准备直驱邯郸，但军师孙膑却认为，战争已经打了这么久了，不能用手强拉硬扯，要排解别人打架，不能直接参与去打。派兵解围，要避实就虚，击中要害。

他向田忌建议说，魏国精锐部队都集中在邯郸，内部空虚，我们如带兵向魏国军事要害攻击，攻击它空虚的地方，他们必然放下赵国回师自救，我们趁他们疲惫不堪，在他们回来的地方预先埋伏好，大败魏军，邯郸之围遂解。

孙膑用围攻魏国的办法来解救赵国的危困，这在中国历史上是一个很有名的战例。这个故事在军事中的位置暂且按下不表，单就在那个时代，军队征战的各类信息，可以在诸侯征战的时候保持畅通，能够让孙膑实施如此复杂的军事策略，就表明了那个时代战争通信是可以有所保证的。

地动仪与邮驿传递

地动仪是东汉张衡制造的一种用来测量地震的仪器。东汉时代，地震比较频繁。张衡通过长年研究，在公元132年发明了候风地动仪，这也是世界上的第一架地动仪。

它有八个方位，每个方位上均有口含龙珠的龙头，在每条龙头的下方都有一只蟾蜍与其对应。任何一方如有地震发生，该方向龙口所含铜珠即落入蟾蜍口中。

有一天，张衡的地动仪正对西方的龙嘴突然张开来，吐出了铜球。这是西部发生了地震的征兆。可是那一天都城所在的洛阳完全没有地震的迹象，于是大臣们都说张衡的地动仪是骗人的东西，甚至有人说他有意造谣生事。

张衡发明的地动仪

过了几天，陇西就有驿站的信使骑着快马来向朝廷报告，离洛阳一千多里的金城、陇西一带发生了大地震，连山都有崩塌下来了。大伙儿这才信服。

这个事情被完整地记载了下来，足以证明当时邮驿制度的完善、迅速和准确。

一骑红尘妃子笑

唐朝杜牧有一首著名的诗《过华清宫绝句三首》，其中第一首是这样的：

　　　　长安回望绣成堆，

　　　　山顶千门次第开。

　　　　一骑红尘妃子笑，

　　　　无人知是荔枝来。

这首诗的意思是，在长安回头远望骊山宛如一堆堆锦绣，山顶上华清宫千重门依次打开。一骑飞马路过，烟尘滚滚，皇帝的妃子会心一笑，大家都以为是军中有要事传报，却没人知道是南方送了荔枝鲜果来。

其中，"一骑红尘妃子笑"这句话流传甚广，现在甚至还有个荔枝的品种叫作"妃子笑"，就跟这个典故有关。

民间皮影：唐玄宗和杨贵妃

传说当时唐明皇时期，唐玄宗李隆基非常宠爱杨贵妃，不惜劳民伤财，用原本运送官方书信的邮驿来为杨贵妃运送新鲜荔枝，只为博美人一笑。还记得我们之前说过，宋朝以前的驿站快马，是禁止传递个人书信的，唐玄宗竟然用它来运送新鲜的荔枝，可见诗人对现实的愤慨之情。

除了送荔枝，邮驿主要还是传递军国大事。安禄山谋反的消息只用了5天就传到了3000里外的华清宫。

"国破山河在，城春草木深。感时花溅泪，恨别鸟惊心。烽火连三月，家书抵万金。白头搔更短，浑欲不胜簪。"

相信我们都学过杜甫的这首《春望》，这里说的是安史之乱。

安史之乱是我国唐代所发生的一场政治叛乱，是由安禄山与史思明发动，同中央政权争夺统治权的战争，所以简称"安史之乱"，这也是唐朝由盛而衰的转折点，是因为唐玄宗晚年过度宠爱妃子杨贵妃，不思朝政等原因引起的。

诗人杜甫深刻地感受到了战争带来的流离之苦，所以这个著名的比喻"家书抵万金"就成了千古绝句，表达了那个年代通信的极为不方便，与收到家书时惊喜的心情。

杨贵妃在安史之乱之后，随唐玄宗李隆基流亡到四川一带，途经马嵬坡，死于马嵬坡，香消玉殒。关于她的下落等故事，众说纷纭，无论怎样，历史上著名的"一骑红尘妃子笑"与"家书抵万金"，这两个与通信有关的典故，倒是流传了下来。

宋朝的急脚，神行太保戴宗

神行太保戴宗，江州人，外号神行太保，在水浒英雄榜上排在第二十位。戴宗与吴用是旧交，自幼练就了一身行走如飞的功夫，人称"神行太保"，是《水浒传》中带有神奇色彩的一个人物。

戴宗早年学习了一种道术，把两个"甲马"拴在两只腿上，作起"神行法"，一日能行五百里；把四个甲马拴在腿上，一日能行八百里。在江州充做两院押牢节级，人称他戴院长。

《水浒传》中说，戴宗使这道术的时候，要行便行，要住便住，只是不敢吃荤，需要吃素才行。而且还可以随意带人，只要带的人吃素，也可以一样跑得快。

这个叫作"甲马"的东西是什么，谁也说不清楚，有学者研究说是一种符，有学者研究说是一种助力可以让人跑得更快的机械。但是从数据上来看，日行八百里，已经远远超过了前面我们所说的唐朝对于骑马邮驿日行三百里至五百里的范围，普通人是不可能跑这么快的。所以这里作为小说中的一个人物，是带有一点神秘色彩在里面的。

四、工业革命以后的通信

在 18 世纪之前，人类传递信息的方式比较原始，除了借助于自然光线、声音等传播，主要依靠于人力、使用马车等手段传递信息。

插问 好吧，现在我们就了解一下工业革命以后的通信会是什么样子的呢？

从有人类以来到 18 世纪前，人类的信息传播就是这样在每天的驿卒狂奔、车马疾驰中传递着，传递着……

直到近代，工业革命开始，有了蒸汽机动力，有了电的发明，人类大大改变了生活方式，通信的速度，也变得不是以天来计数，而可以用小时甚至秒来计数。

在通信载体上，出现了批量的印刷文件、以电子形式传播的声音甚至视频（想一想前面我们说过，以前的人写个信还要用牲口扛着大量的竹简来运输呐）。

在传播工具上，有了汽车、火车、轮船，甚至飞机，再后来，借助于电磁波，让一切变得飞速起来。

所以，现在，请跟随我，一起走进近代通信的大门吧！

说起工业革命，我们或许在课本上学到过，第一次工业革命，开始于十八世纪六十年代。

关于工业革命

工业革命开始的标志为哈格里夫斯发明了珍妮纺纱机，而工业革命的标志是 18 世纪中叶瓦特改良蒸汽机。

以上是考试的时候大考小考的重点，请一定要记下来哦，什么？不是很好记？那我们来讲一讲为什么要工业革命，以及瓦特只不过是发明了一个蒸汽机，看上去跟家里烧开水的壶差不多的东西，为何有如此重要的历史意义。

18世纪的时候，英国是当时世界上比较发达的国家，那个时候，比较先进的一些东西都是来源于英国。

使用珍妮纺纱机的车间就是这个样子的

那个时代，制造业还是依靠手工。随着英国越来越发达，英国的工场手工业的生产已经不能满足市场的需要了，换句话说，购买东西的人越来越多，生产已经没办法赶上需要了，工场里再加人，也招不到如此多的人，更管不过来了，那怎么办呢？于是技术改革就成为了必须要做的事情。

这就有点像我们请客吃饭，在家请一两个人甚至十个人吃饭，或许可以张罗张罗，多做一些菜，如果每天都要请100个人吃饭，那么再能干的人也不会选择在家里请客，必须要到餐厅里去做这件事情，因为餐厅里有厨师，还有大厨房，专业呀。

总之，在这个大前提下，工业革命就首先在英国发展起来了。

这是我新建的工厂。

嗯，这个世界的笨蛋已经够多了。

笨蛋工厂

还是改为工场吧。

或许你注意到了，上面我说的是"工场"而不是"工厂"，你会想，写错字了吧，其实不是的，工场指的是以手工劳动为基础的大一点规模的作坊，而工厂是指工业革命及以后，出现的机器等现代化生产方式的厂子，所以两者是不太一样的呢！

瓦特出生在英国一个叫格里诺克的小镇上，他的父亲是一个经验丰富的木匠，祖父和叔父都是机械工匠，或许是遗传，也可能因为小的时候家里比较贫困，没有什么可以玩的东西，于是年少的瓦特就经常对着厨房里灶上烧的开水发呆。

当他发现，水开的时候，壶盖会被开水的蒸汽顶起来，发出砰砰的响声，水蒸气可以作为一种动力来源。这种年少时的发现，为青年时期的瓦特发明蒸汽机埋下了一颗将要萌芽的种子。

瓦特

少年的时候，瓦特对以蒸汽作动力的机械产生了浓厚的兴趣，就开始收集有关资料，还为此学会了意大利文和德文。

从30岁开始，瓦特在三年多的时间里，克服了在材料和工艺等各方面的困难，终于在1769年制出了第一台蒸汽机。同年，瓦特因发明冷凝器而获得他在革新纽可门蒸汽机的过程中的第一项专利。

这个新东西，终于可以成为新世界的动力了！

而随着工业革命的推进，人类不仅在制造业和交通运输方面，而且在我们本书一直探讨的通讯联络方面也引起了一

小贴士

蒸汽机是对近代科学和生产的巨大贡献，具有划时代的意义，它导致了第一次工业技术革命的兴起，极大地推进了社会生产力的发展。到19世纪30年代，蒸汽机被广泛应用到纺织、冶金、采煤、交通等行业，很快引起了一场技术革命。

场革命。

以往，人们只有通过运货马车、驿使或船才能将一个音信送到遥远的地方。

到了19世纪中叶，发明了电报，使人类的通信速度得到极大的提高。1807年，美国人罗伯特·富尔顿建造的"克莱蒙号"汽船在哈得孙河下水，这艘船配备着一台用于驱动明轮的瓦特式蒸汽机，它溯哈得孙河而上，行驶150英里，抵达奥尔巴尼。

使用蒸汽机的轮船

1866年，人们铺设了一道横越大西洋的电缆，建立了东半球与美洲之间直接的通讯联络。

这一系列通讯效率的提升，其起源就是第一次工业革命。

现在你能理解，为什么我们在讲述近代通信故事的时候，要先讲第一次工业革命了吧！

那第二次工业革命呢？先不要急嘛，卖个关子。

被八国联军占据的"客邮"时代

前面我们详细地讲过我国古代邮驿制度是比较发达的，历朝历代都设有官方邮政组织，组成了我国发达的邮政网络。

前面也提到过，明朝之前，官方的邮路是不允许私人使用的，只能传递公文往来，直到明朝之后，邮政系统才作为民间书信往来的机构，

日本客邮，寄往美国的明信片

叫作民信局，这一情况，到清同治、光绪年间进入全盛时期。

19世纪后半期，英、法、美、日等国家在中国陆续开办邮政业务，由于当时这些国家派驻在中国的办公人员被叫作"客卿"，于是这些外国人开设的邮政局，也叫作"客邮"。

最早的客邮的原型，是英国商人在船上挂起的信箱，供来中国做生意的商人把书信放入信箱在中国英国两地传递。

后来到1834年，英国驻中国商务译员律劳卑在广州开创了英国政治总局的驻中国邮局，这就是中国最早的客邮了。

鸦片战争以后，各个国家对信件信息的争夺都进入了白热化阶段，这些客邮不仅为国外与中国之间传递信件，也承办在国内传递信件的业务，并且还发行外国邮票。

小贴士

1851年至1864年的太平天国也创立了自己的通信系统。一开始用大鼓及彩色旗子作为通信方式，后来建立了正式的通信机构"疏俯衙"，也就是太平天国的驿站。1959年，太平天国重要将领洪仁轩的《资政新篇》中提出用现代的快车快马建立顺畅的邮政制度，甚至还规定了对丢失信件的处罚方式。

可以说，洪仁轩是我国最早的提出兴办近代邮政规划的人。

这是我国邮政被国外列强霸占的一段不光彩的历史，在这个时期，客邮不仅排挤了我国原有的邮政系统，还从事走私和毒品贩卖等活动，使得不少有识之士纷纷倡议，开办我国自己的邮政系统。

海关兼办邮政与大清邮政

从1861年开始，各国驻华邮件都由当时的清政府总理衙门转各国驿站来传递，后来清政府的总理衙门认为"给洋人传递信件太危险"，于是就把这事儿委托给了

这是一张明信片，图案就是天津的大清邮政津局

海关，于是海关就设置了邮务处，在18年的时间里，海关邮局发展到24个。

但是后来，我们上面说的"客邮"在国内业务的不断往来，以张之洞为首的朝廷官员与洋务派的有识之士们纷纷申请，裁撤掉以前的邮驿，创办新的邮政，于是大清邮政时代开始了。

1897年，大清邮政官局正式开业，设有船政、路政、电政、邮政、庶务五个司，这个时候就已经有了与各国电报联系的业务。

直到1911年，第八任官员盛怀宣与海关多次商量，邮传脱离了海关由邮传部接管，这时，长达14年的大清邮政时代就结束了。

如果你来北京游玩，在鼓楼大街有个竹园宾馆，那里就是盛怀宣旧居，可以去感受一下。

民国邮政

1912年，中华民国建立后，大清邮政改名为"中华邮政"，在天津设立了管理机构，并且归当时的交通部管。也是在这个时期，中华邮政发行

> 请问，贵局招工吗？义务的也行。

> 请把邮件放我嘴里。

> 这……

食品邮政局

这是民国时期邮政收费标准，是按邮件的重量收费的（格兰姆就是克的意思）

了中国第一套邮票——大龙邮票。

此时的邮政业务，不仅可以寄送信件，还兼具一些汇银票、寄送包裹甚至转款的功能。

这个时期的邮政业务比较复杂，有上面我们说的官办邮驿垄断官方文书，还有民信局掌握的民间通信，外面有外国人创办的"客邮"争夺新生市场。

面对早已呈三足鼎立之势的通信市场，近代邮政自一创办便表现出顽强的竞争精神，随着清政府倒台，民国政府于 1913 年 1 月正式宣布裁驿归邮，勒令各地民信局一律停业，至此中国近代邮政在国内归为统一，邮政通信市场为国家邮政所有。

中国古代邮驿较为发达，对世界各国有较大影响。因此，近代邮政在中国一出现，就受到了万国邮联的重视与关注。1914 年 3 月 1 日，中国正式加入万国邮政联盟。

1947 年在第 12 届邮联大会上，中国首次入选由 19 名成员组成的邮联常务理事会，并担任理事会副主席。

由上面可以看出，中国近代自被坚船利炮敲开大门后，中国与外界的交往中不平等的多，平等的少，屈辱多，荣耀少。中国近代邮政与世界邮政的平等交往，不仅为中国邮政增加一页光荣之历史，也为中华民族维护国家主权与民族尊严增加了一页光荣的历史。

所以此时此刻在阅读通信故事的你，也应该了解这段历史，尽管现在我们已经不怎么使用寄信这种传统的方式来传递信息，但是中国人为了寄信这一小小事件的畅通，近百年来做出了许多努力与抗争。

五、邮票和交通

前面我们从古代邮政的发展，一直讲到近代邮政的发展，似乎说到"邮政""邮局""寄信"等词语的时候，往往会想到一个小小的纸片：邮票。

这就是我们曾经熟悉现在又比较陌生的那种小纸片，邮票

邮票是用来付邮资的，也就是邮费，如果现在你不怎么寄信也不使用邮票，那么也可以简单视为信件的"快递费"，这个总该明白了吧！

因为信件会寄来寄去，除了熟人捎带之外——熟人也不完全是免费的，也要给人家带两斤大枣什么的——正式邮政渠道里那些流通的信件，寄信人是要付费用的哦！这个费用是怎么付的呢？

于是邮票就诞生了。

第一枚正式的邮票，是英国一个叫作罗兰·希尔的中学校长发明的。

19世纪30年代，那个时代已经有了付邮费一说，但是邮费是根据距离的远近，由收信人来付的，为什么不由寄信人付邮费呢？很简单呀，如果寄信人付了邮费，万一信件送不到怎么办呢？总之，那个时候，信件越远的地方，邮费越贵。

有一天，罗兰·希尔正在乡下散步，正好看到一个邮递员在送信给一个姑娘，这姑娘接过信封匆匆看了一眼，就还给了邮递员说，这封信她不收，请她送回去。因为没有收下信件，邮递员自然也没有收到邮费，就走了。罗兰·希尔感觉到非常奇怪，就问这个姑娘，这姑娘比较伤感地说，这封信是她哥哥寄来的，其实并不是不想收信，而是因为哥哥所在的地方太远了，她付不起这个邮费，于是就跟哥哥约定在信封上做一些记号，看到信封就知道是在报平安了，所以无须收信。

罗兰·希尔听到以后，既同情这个姑娘，又同情这个邮递员，于是他向英国政府建议：以后寄信，必须由寄信人买邮票贴在信封上，作为邮资。这个邮票可以是一张只够盖上邮戳即可的纸片，在其背面涂上胶液。这样，把邮票背面浸湿以后，就可以贴在信封上了。

有意思的是，邮票背面浸湿可以直接粘贴这一特点，直到现在也一直保留下来，我还记得小时候寄信时，用舌头舔一舔就可以把邮票贴上去了，神奇又好玩。可惜，当时还记得寄信是1毛钱一封，后来涨到了5毛，现在由于很久不寄信了，问过别人才知道，原来现在寄信的邮费要8毛或1块2了。邮费真是这么多年来涨价最慢的价格呀！

英国听取了罗兰·希尔的建议，发行了世界上第一枚邮票，是用黑色墨水印制的女王头像，被称作"黑便士"。

小贴士

邮票最早的雏形发现于17世纪，在巴黎开办小邮局的一个叫作维拉叶的人，在街上像模像样地摆上了邮箱，人们每天可以收取信件和寄信。维拉叶是被国王路易十四认可的聪明人，于是他卖一种作为邮费的小标签给寄信的人，寄信人把这种小标签签在信封上，作为给邮局付的费用，这可以说是最早的邮票。

罗兰·希尔

英国发行世界上第一种邮票后，各国邮政纷纷仿效。20世纪90年代初，发行邮票的国家和地区已达230多个，邮票的使用给各国政府邮政行业带来了极大方便。

邮票的基本功能是邮资凭证，同时，又有了一些其他的功能：邮票的画面具有广泛的宣传和传播知识的作用；图案印制又非常精美，具有艺术欣赏和收藏价值；邮票被投放集邮市场后，便成为一种特殊商品；在某种

邮票史上有名的
"黑便士"

情况下，它又是历史文物或历史研究资料。

于是集邮这个兴趣爱好就产生了。

不知道你家里是否有喜欢集邮的人，可以向他们要集邮册来欣赏一下。看到小小的邮票，各种功能、图案，涉及各个领域，在以前电脑电视不普及的时代，集邮真是一种很好的学习知识的途径呢！即使现在，集邮也是很有意义的兴趣之一，只可惜现在寄信的人不多了，集到的都是新的邮票。

下面来讲几个关于邮票的小故事吧：

龙票：中国第一枚正式发行的邮票

插问 龙票我知道，据说在集邮市场，龙票可值钱了，是这样的吗？

我们上面讲过大清邮政的故事，按照常理，邮票应该由邮政部门发行，但是中国的这第一套邮票却是由海关发行的。

1840年鸦片战争后，中国海关被外国人所把持，当时担

一套三张大清龙票

任清政府海关总税务司的是号称"中国通"的英国人赫德，中国海关试办邮政也是首先从天津海关办起的。

1878年3月，天津海关书信馆正式开放，它是中国近代史上第一家效仿西方模式的邮局书信馆，中国第一套邮票也是从这里发行出去的，也就是大清龙票。

大清龙票一共有三种，"一分银"（绿色，寄印刷品邮资）、"三分银"（红色，寄普通信函邮资）、"五分银"（桔黄色，寄挂号邮资）。邮票上"大清邮政局"五个字十分醒目，图案中的"大龙"两目圆睁，腾云驾雾，呼之欲出。上方标有"CHINA(中

国）", 下方标有"CANDARIN（S）(海关关平银　分银)"字样。

　　由于大清龙票距离现在时间较久，所以存世量不多，甚至连邮票的设计者与具体的发行时间都不可考，最近几十年来集邮爱好者围绕着大清龙票做了很多研究，也有许多故事留传下来，可以说，大龙邮票不仅是中国发行的第一套邮票，它的发行史、邮戳、实寄封等，长期以来都是集邮研究的重要课题。

"全国山河一片红"，刚发行即被收回

"全国山河一片红"邮票

　　"全国山河一片红"也是一张提起邮票就必须要提及的小纸片。

　　1968年，我国邮电部发行了一枚"全国山河一片红"邮票，面值8分，因为是中国地图配上红色色调，所以集邮者称为"全国山河一片红"。

　　但是发行时间不到半天，一位中国地图出版社的编辑出于职业习惯，发现这枚邮票上中国地图画得不准确，便通过组织向邮电部反映。

　　邮电部发现问题后，吓得不轻。你想呀，自己国家的地图印得不准确，那还得了！这是要引起国际纠纷的节奏。不行！于是急令全国各地邮局停售，已经卖出的邮票要退回来。但是，其实有个别邮局提前售出了这枚邮票，所以社会上有少量邮票流出。"全国山河一片红"因为存世数量非常少，受到广大集邮者追捧，并且经常在拍卖会中拍出破天价，成为世界珍邮之一。

有香味的邮票

　　我国邮政第一次发行香味邮票是2002年的事情。

　　2002年中国邮政发行了《鲜花》个性化服务专用邮票，邮票主图为盛开的鲜花，副票为"祝福"字样及蝴蝶图案。

香味是什么香呢？是广为人们喜爱的百合花香型。

那香味是如何实现的呢？原来印邮票的油墨采用了进口的特殊香味油墨，其中含有香料胶囊。因为胶囊非常小，只有在高倍显微镜下才能观察到，所以印刷上以后，胶囊在受到外力的压迫时破裂，百合花的香味就会散发出来。

所以当你买到这张邮票时，只要用手在邮票上轻轻一擦，就能闻到百合花的香味。据说邮票上的香味可以保持20年之久呢。

你可以问一下有集邮爱好的朋友，有没有收藏这一套邮票，借来用手指摩擦一下，闻一闻呀！只是，不要让他知道为好。

《鲜花》个性化服务专用邮票

汽车的故事

说起第一次工业革命、蒸汽机发明后，近代通讯的发展，不得不说一下代替之前马匹，跑得更快的工具：汽车、火车、轮船、飞机等。

1769年，法国人制造了世界上第一辆蒸汽驱动的三轮汽车。这辆汽车被命名为"卡布奥雷"，它完全不像我们现在看到的汽车的样子，车长7米多，高2米多，因为是蒸汽驱动的，车架上放置着一个像梨一样的大锅炉，简直就是一辆小火车头，并且，它每前进15分钟以后需停车加热15分钟，运行速度大约每小时三千米，是的你没看错，每小时3千米，比你走路的速度还要慢一点。

1881年，戴姆勒和威廉·迈巴赫合作开办了当时第一家所谓汽车工厂。同时，他俩一起发明了汽油内燃机，你可以理解为一种高级的效率更高的利用蒸汽机原理的机器，只不过它是在气缸内点燃煤气等气体，利用气体的压力推动气缸里的活塞做运动，从而产生动力的。

1886年，戴姆勒和卡尔·本茨把利用内燃机技术的发动机装到了自行车上，这样就发明了世界上第一辆摩托车，然后他又把马车改装，增加了方向盘等一系列的装置，同样用内燃机作为动力，这样就发明了第一辆四轮汽车，这辆汽车的样子怪怪的，就像一辆自动行驶的马车，只不过没有马，这样时速可以达到 15 千米每小时，终于可以跑得跟马儿一样快了呀！你可不要小看这个发明，这是世界上第一台汽车，而这家公司至今还在，就是大名鼎鼎的奔驰汽车公司的前身。

世界上第一辆使用汽油内燃机的三轮汽车

有意思的是，当时这辆不带马儿，可以自动行驶的的汽车被发明出来以后，由于经常有故障，所以连发明者本茨本人也不愿意在公开场合开着它出来。于是，在 1888 年 8 月的一个清晨，卡尔·本茨的妻子，这位勇敢的女性，带着两个儿子从家里出发，驾驶了 100 千米到达娘家，成为

卡尔·本茨的夫人，一位勇敢的女士

世界上第一个试车者和女驾驶员。

进入 20 世纪后，福特公司采用流水化作业的方式，批量生产汽车，使汽车开始被大众家庭所拥有，最高时速可以达到一百千米每小时，可以说真正意义上实现了速度的突破，至今福特这个汽车品牌仍旧是买车时一个不错的选择呢！

小贴士

我国的第一辆汽车是 1956 年由第一汽车制造厂制造的"解放牌"汽车，是一种体形庞大的卡车。这种车型在当时被大量生产。

公路发展史

公路

有汽车就要有公路，否则再好的车也没办法在坑洼不平的道路上行驶，更别提跑得多快了。

你知道吗？先抛开我们平时的高速公路不谈，我们平时在乡下见到的小路，基本上都有几千年的历史了呢，这是因为，最原始的道路是由人践踏而形成的小径，在几千年来人们用脚和牲畜作为交通工具的时候，这些最原始的状态下踩出来的路，一直伴随着我们，传承了下来。

可以说，道路伴同人类活动而产生，又促进社会的进步和发展，是历史文明的象征、科学进步的标志。

18 世纪中期，我们说过，工业革命带动了整个英国交通运输业的蓬勃发展，但当时无论城市还是乡下，黄土小道已远远不能适应时代的要求，尤其是汽车的发明，对道路有了更高的要求。

于是，苏格兰工程师约翰·马卡丹发明设计了新的筑路方法，路面用碎石挤压而成，质地坚硬，路面平坦宽阔，适合机动车辆行驶，且中间高两边低，便于排水。后人以设计者马卡丹的姓氏命名这种新式道路，以示对这位发明者的纪念。

19 世纪初，这种铺路方法传到我国后，其称呼逐渐演变成"马路"，一直流传下来。所以下次再有人问你，马路为什么不是"马走的路"，你可以将这段小故事告诉给他。

我们中文所说的"公路"其实是近代说法，古文中并不存在，"公路"其实因为"公共交通之路"才得名的。

再后来，还产生了高速公路。世界第一条高速公路在 1932 年在德国修建的，发展到现在，已经成为我们出行的选择之一了。高速公路没有红绿灯，并且行车速度快，如果不考虑高速费的话，可以说是最佳的驾车出行选择啦。

火车的故事

火车，是人类历史上重要的交通工具之一，直到现在我们的长途旅行也要依靠火车出行。最早的时候，火车是蒸汽机式的，后来经过发展，有内燃机动力的，电力的，还有磁悬浮式的。

史蒂芬孙是一个英国穷苦家庭的孩子，父亲是煤矿工人，在蒸汽机房里烧锅炉，全家 8 口人的生活全靠父亲微薄的工资收入来维持，根本没有机会去读书。

小小的斯蒂芬孙 8 岁便去给人家放牛，吃过很多苦，由于父亲工作原因，他从小熟悉矿井里用来抽水的蒸汽机。

后来长大一点的他，常常是白天在煤矿做工，夜里参加夜校学习并坚持自学，同时还替人擦皮鞋，以维持艰苦的生活。

第一次工业革命后（再一次证明了工业革命有多么重要呀），蒸汽机的应用越来越广泛，二十多岁的史蒂芬孙想到，既然可以用蒸汽机来提高工厂里的机器效率，为什么不发明一种可以载很多人跑的工具呢？

于是，1814 年，经过四年的努力，史蒂芬孙成功地制造了第一台蒸汽作动力的火车机车，叫作"旅行者号"，"旅行者号"一亮相，

火车界的第一次"华山论剑"中，史蒂芬孙的"火箭"号赢得了胜利

并没有受到大家的重视，反而引来了很多人的嘲笑，因为这台火车机车，跟马儿比赛赛跑的时候，并没有跑过马匹。

后来，1825 年英国建成第一条铁路，同年九月"旅行者号"机车拖着三十多节小车厢正式试车，车厢载有 450 名乘客和 90 吨货物，"旅行者号"火车以每小时 24

火车

千米的速度跑完了 40 千米的路程。这个时候，火车的速度已经比马儿要快了。

乔治·史蒂芬孙又经过十几年的试验与尝试，1829 年，他成功地建造了"火箭号"，并配合英格兰的史托顿与达灵顿铁路，成为第一台顺畅地奔驰在铁路上的火车，时速已经可以达每小时 58 千米。

很快，铁路便在英国和世界各地通行起来，且成为世界交通的引领者近一个世纪，直至飞机发明才降低了铁路的重要性。

中国铁路的发展

我国铁路迄今已有 100 多年的历史了，中国有铁路始于清朝末期，我国第一条铁路是 1876 年通车的上海吴淞铁路。

在修建铁路这件事情上，中国是落后于其它国家的，这与当时经济落后、工业不发达有关，也与清政府腐败、保守、专制、不肯接受

上海的磁悬浮列车。时速可达 430 千米

新生事物有关系。

我国在清政府时期修建铁路约 9400 千米。其中帝国主义直接修建经营的约占 41%；帝国主义通过贷款控制的约占 39%；国有铁路，包括中国自力更生修建的京张铁路和商办铁路及赎回的京汉、广三等铁路仅占 20% 左右.

1949年后，中国抢修恢复了不少铁路，尤其改革开放以后，我国铁路更是进入了高速大发展时期。1997 年，中国铁路从第一次大提速开始，至今已经经历了六次提速，现在出行所乘坐的"高铁"，最高已经可以达到每小时 300 千米，而上海的磁悬浮列车，时速甚至已经可以达到近 500 千米每小时。

我国全国铁路总长度里程已经突破 10 万千米大关。10 万千米是多长呢？大概绕地球 2 圈半吧。唔……你体会一下。

火车，这已经是人类在地面上运行的最高速度了。如果用人在地面上传递信息的话，火车暂时在我们以往所讲述过的所有方法中，速度最快。

铁路的宽度跟马屁股的关系

越说越玄乎了，铁路的宽度跟马屁股能有啥关系？

话说，有个美国工程师罗杰，无意之中发现，美国境内的铁轨宽度统一为 1425 毫米，这看来是一个很合适的宽度。但是，是什么确定了这个莫名其妙的数值呢？

罗杰是个有好奇心的工程师，经过一番调查，他有了一些有趣的发现：

美国铁路的第一批建设者，就是那些修建市内有轨电车的人。有轨电车当时已经使用了十几年了，一直运转良好，而有轨电车建设的早期，许多制造有轨电车的公司，是从马车生产商转产而来的。

他们带来了生产马车的技术、经验和尺寸。而美国的马车又是从英国来的，英国的国家标准规定：马车的标准轮距是 4 英尺 8.5 英寸，也就是 1425 毫米，这个尺寸，正好可以让两匹马并行拉车，也就是说，现代火车铁轨的宽度其实是取决于两

铁轨

匹马屁股的宽度。

就这样，我们一直沿用了下来。

不过在实际的应用中，出于各种因素的考虑，并不是每个国家的铁轨都是一样宽度的。我国普遍采用标准铁轨制式，也就是 1425 厘米，但全世界仍有 30 多种不同的轨距分布在各国家。

也就是说，如果要将装载着货物的车厢跨越边境，当铁轨宽度不一致的时候，需要将车厢吊装至各自轨距的车轮上转换，车厢那么沉的东西，使得整个转换要耗费数小时。

船的故事

船是人类出行交通史上重要的交通工具之一，尽管在原始社会人类就发现了可以抱着木头在水中浮起来的道理，但直到第一次工业革命（看看，又是第一次工业革命）以前，所有的船只都是由人力驱动的，而且受水流方向及水流速度的影响较大。

直到 1807 年，英国著名工程师富尔顿在瓦特的支持下，制作了一艘名叫"克莱蒙特号"的轮船，这艘船长 45 米，航速达每小时 4 千米，这个速度已经是当时比较理想的水中非借助人力来驱动的一个速度了，总比你游泳来得快，像我这样的游泳健将，一小时才能游不到 2 千米呢。

后来，富尔顿继续改进，使这艘轮船的航速达到每小

富尔顿，蒸汽机轮船的发明者

时 6~8 千米，终于，富尔顿获得了成功。

富尔顿一生中，不仅发明了轮船，而且亲自参加制造了 17 艘，终于在人类水运史上揭开了新的一页，他是当之无愧的世界上轮船的首创者，他为人类航海事业的发展做出了卓越的贡献。

富尔顿出生于美国一个贫苦的农民家庭，从小读书很少，父母没有钱供他去学堂学习，他后来取得的成就，

现在的船

全凭个人的奋斗。小富尔顿从小就爱幻想，譬如，当他帮助大人干完农活之后，常常一个人坐在农家阁楼上，透过带有木格条的小窗户，向田野望去，看蔚蓝色的天空，苦思冥想，一坐几个钟头。

可以看到，富尔顿的经历与发明火车的史蒂芬孙何其相似，所以现在坐在空调房间里，电脑电视游戏机样样齐全的你，有什么理由不为理想努力呢？是吧！

后来，1825 年，奥地利人约瑟夫·莱塞尔发明了船舶用的螺旋桨，改进了轮船推进的效率，1884 年，英国发明家帕森斯设计出了以燃油为燃料的汽轮机，使水上运输发生了革命性的变化。

这个时候轮船的航速已经可以到 60 千米每小时了，船舶制造开始向大型化船只发展，出现了后来像泰坦尼克号那样的豪华巨轮。

直到现在，像大型游轮以及航空母舰，所承载的功能已经远远不止传递信息这

么简单，已经宛如海上的城市一般，彻底使得人类可以安全、稳定、长期地在海上进行生活。所用的动力有些也已经是原子能，也就是核动力。

该轮到飞机了

我会飞啦！
哈哈！

更准确地说，
是飞机会飞。

飞行，是人类从古至今的梦想，当古人夜间仰望星空，白天看到群鸟飞翔的时候，飞行梦想的种子就在人类心中种下，传承了一代又一代。

古代时，人们便把信息绑在风筝上、利用大雁、信鸽传递，更有许多先驱为了飞行梦想奉献出了宝贵的生命。

明朝的时候，有一位富有人家的子弟叫万户。他熟读诗书，但不去投考。因为他不爱官位，爱科学。中国古人发明了火药和火箭，万户想利用这两种具有巨大推力的东西，将人送上蓝天，去亲眼观察高空的景象。为此，他做了充分的准备。

他自制了 47 个火箭，把自己绑在椅子上，手拿两只大风筝，他想要去亲自飞上高空，从天上俯瞰大地的景象。等他的仆人颤颤巍巍地点燃了火箭的引信，只听"轰"的一声响，飞车离开地面，万户飞上了天，然后又自行点燃了第二级火箭，正当人们为万户的成功欢呼时，只听一声巨响，天上的万户变成了一团大火球，从燃烧的飞车上摔了下来，摔在了万家山上。

万户的实验虽然失败了，但他是世界上第一个想利用火箭飞行的人。万户想利用风筝上升的力量飞向前方，这是很少有人能想到的。为纪念万户，国际天文学联合会将月球上的一座环形山以这位中国人的姓名命名。

我们都知道，第一架真正意义上的飞机，是1903年由莱特兄弟发明的。让我们来走进那段历史。

莱特兄弟的父亲是一个牧师，母亲是一位音乐教师。他们的父亲从不指责他们把身上仅有的一点儿零用钱用在买各种工具和材料上。他还敦促孩子们尽量多挣钱来弥补他们创造性劳动所需要的开销。

他们全家搬家到爱荷华州后，发生了一件对于全人类都有巨大意义的事情，1878年的圣诞节，莱特兄弟的爸爸给他们带回来一个玩具，这是一个可以飞翔的螺旋蝴蝶，只要把上面的橡皮筋像弹簧一样拧好，一松手，螺旋蝴蝶就会向天空中飞去，同时发出呜呜的响声，这两兄弟第一次深刻地领悟到，人工制造的东西，也可以像鸟儿、蝴蝶那样飞上天。于是他们开始为制造一部能够带人飞上天的机器而努力。

小贴士

莱特兄弟的名字是威尔伯和奥维尔，威尔伯比奥维尔长4岁，他们出生于美国俄亥俄州。他们从小就对机械有着天生的爱好，跟很多小朋友小时候一样，从小就喜欢把家里的各种东西拆开然后装起来，有的时候折开就再也装不起来了。他俩经常将街道上的破铜烂铁搬回家"研究"，这几乎是他们的唯一爱好。

莱特兄弟

在当时有很多人都在研究飞行的机器，但他们基本上均认为，飞机依靠自身动力的飞行完全不可能，而莱特兄弟却不相信这种结论，他们相信即使是钢铁之躯的庞然大物，在合适的动力与角度下，也可以轻松腾空而起，长时间地盘踞空中，甚至为人所控制。

1903 年，世界上第一架载人动力飞机"飞行者一号"在试飞

在有风的空中对一件能飞起来的大机器进行控制是很难的，原因很简单，你现在找一张纸，然后把它从阳台往下扔掉，它很难是平稳地落在地上，任何一点气流都会影响到这张纸的方向，好了，现在你可以下楼把这张纸捡回来了。

莱特兄弟设计了通过直接控制机翼来操纵飞机飞行的结构，同时他们发现，空气流过上面是弯的而下面是平的物体的时候，因为上面的空气流动的速度比下面快，这样就会有一种往上"吸"的力量把物体"托起来"，这就产生了一种升力，而这个升力在飞机升到一定高度后，力量会大大提升，所以，利用这个原理，通过增加飞机机翼的面积，来增加飞机稳定性。

从 1900 年至 1902 年他们一共进行 1000 多次滑翔试飞，几乎每天都会有一次的频率啊！终于在 1903 年的刮着寒冷大风的冬天，制造出了第一架依靠自身动力进行载人飞行的飞机，叫作"飞行者一号"，并且获得试飞成功。当天的最后一次飞行中，哥哥威尔伯在 30 千米每小时的风速下，用 59 秒飞了 260 米。人们梦寐以求的载人空中持续动力飞行终于成功了！人类动力航空史就此拉开了帷幕。

到了 1909 年，威尔伯在纽约进行了 33 分钟的长途飞行。几十万纽约居民观看了此次飞行壮举。同年，莱特兄弟获得了美国国会荣誉奖。并且创办了"莱特飞机公司"。

在中国，我国历史上第一个飞行家和飞机设计师是冯如先生。冯如 12 岁随父漂洋过海到美

冯如在准备试飞

国谋生，他目睹了美国先进的工业，认为国家富强必须依靠工业的发达，所以当莱特兄弟发明飞机不久，冯如就坚定了要依靠中国人的力量来制造飞机的决心。

冯如在旧金山华人的支持下，于1907年在旧金山以东的奥克兰设立飞机制造厂，冯如任总工程师，第二年的9月份，冯如试飞成功，比莱特兄弟的首飞纪录还要远1788英尺，受到孙中山先生和旅美华侨的赞许。

1911年2月，冯如谢绝美国多方聘任，带助手及两架飞机回到中国。辛亥革命后，冯如被广东革命军政府委任为飞行队长。1912年8月25日，冯如在广州燕塘飞行表演中降落的时候，由于要躲避跑道上嬉戏的儿童，再次将飞机拉起升空失败，意外失事，冯如在这次飞机表演中失去了生命，年仅29岁。

冯如的一生，是为中华的崛起而奋斗的一生，他把短暂的也是毕生的精力都献给了祖国的航空事业。在他生命弥留之际，还念念不忘嘱咐他的助手们继承他的遗愿，把中国的飞机事业搞上去。

历史总是这样，进步总是伴随着牺牲与失败，在莱特兄弟与冯如的基础上，飞机从早年的滑翔飞机，到后来喷气式飞机，又有了直升飞机和我们现在出行要坐的民航飞机。飞机的动力也从单发动机变成了双发动机，材料也从木制金属后来60年代发展为玻璃纤维到现在的复合材料，加之现在的各种先进的技术手段辅助，飞机已经成为现在最快速与安全的旅行方式。

自从飞机发明以后，飞机日益成为现代文明不可缺少的运输工具。

拿环球旅行来说，世界上第一次环球旅行于16世纪，由葡萄牙人麦哲伦率领一支船队从西班牙出发，足足用了3年时间完成的。19世纪末，一个法国人乘火车

小贴士

当飞机发明以后，人们在1949年又进行了一次环球旅行。一架B50型轰炸机，经过4次漂亮的空中加油，仅仅用了94个小时，也就是不到4天的时间，便绕地球一周。

突破音障的瞬间，预示着人类的飞行
进入了超音速时代

环球旅行一周，也花费了 43 天的时间（像不像环游世界 80 天的故事）。

当超音速飞机问世以后，人们飞得更高更快。1979 年，英国人普斯贝特只用 14 个小时零 6 分钟，就飞行 36900 千米，环绕地球一周。在不到一天的时间里，就可以飞到地球的各个角落。

在飞机诞生的年代里，如果依靠人力传输，信息的速度传播可以由每小时上百千米到超音速飞机的每小时一千多千米。这对于我们前面所历数的任何一个时期，都是一种奇迹。

照相机的出现

近代人们发明了很多东西，使得传递信息的速度更快，无论是汽车、火车、轮船、飞机，其实是提升了传递的速度，那么从传递的内容物上，与古代的竹简、丝帛和纸张相比，又有什么进步提升呢？

当然有啦！否则莱特兄弟辛辛苦苦发明了飞机，就是为了捎个口信儿的么？

前面说了，随着邮政的成熟发展，信件是传递信息的标准信息承载工具。但随着生产与生活的需要，人们逐渐有了把大量信息压缩进行传递的需要，也有了精确传递信息的需要，在电子时代还有没普及的那些年里，是怎么做的呢？如何用文字来描述地图呢？用画

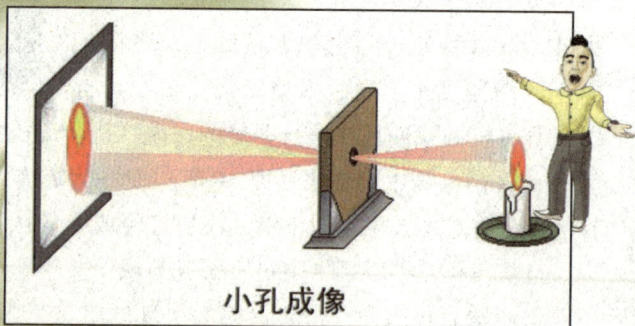

小孔成像

小孔成像现象

画来描述一个人的长相？这个好像都不太精确。

于是照相机被发明出来了。

照相机的原理其实就是小孔成像，我们是最早发现小孔成像原理的国家。

早在两千多年前，中国春秋时期的古代学者墨子就有了这个发现。

在一间黑暗的小屋子里，朝阳的墙上开一个针眼那么大的小孔，当然要让光可以透过，人对着小孔站在屋外，屋里相对的墙上就出现了一个倒立的人影。

为什么这样呢？其实，光是直线行进的，人的头部遮住了上面的光，成影在下边，人的足部遮住了下面的光，成影在上边，就形成了倒立的影。这是对光直线传播的第一次科学解释。

不过照相机的发明是很久以后外国人的成绩。有意思的是，其实是先有了照片再有了照相机。

1725年，德国的一位解剖学家舒尔茨，有一次做提取磷的实验，那天正好阳光明媚，他突然发现了实验用的烧瓶中漏光的部分，那些物质竟然变成紫黑色。追随这个变化继续研究后发现，这是银这一物质引起的，这个发现成为照相技术的基础，银成为后来制作照片不可缺少的物质。

别看拍得模糊，这可是世界上第一张永久保存的照片。这是1826年尼普森在房子顶楼的工作室里拍摄的。画面左边的是鸽子窝，右边是房顶

关于历史上的第一台相机是什么时候出现的现在有很多不同的版本，目前普遍获得肯定的是这个故事：

1826年，法国发明家尼普森把一个涂有沥青粉和熏衣草油的金属板子放在一个暗箱内，等待了八个小时曝光，也就是八个小时被"拍摄"物体没有变化后，获得了世界上第一张不褪色的外景照片。这张照片叫做《窗外的风景》，拍摄的是鸽子窝。

因为曝光时间过长，八个小时跨越了白天与黑夜，光线的变化使照片上的物体

我们看到的很多民国老照片，
都是这样拍摄的

看不太清楚，更别提鸽子啦。于是尼普森又开始各种试验，最后发现了在金属板上镀银，然后再喷碘的方法可以制作照片。

尼普森去世后，他的朋友达盖尔继续这个研究。最后研究出了一种让照片清晰稳定，可永久保存的方法。1839 年，达盖尔将这种方法公之于世，并定名为银板照相法。所以1839 年是摄影技术诞生的年份。

达盖尔也制成了第一台实用的银版照相机，它是由两个木箱组成，把一个木箱插入另一个木箱中进行调焦，用镜头盖作为快门，来控制长达三十分钟的曝光时间，能拍摄出清晰的图像。除了曝光时间长之外，几乎已经可以应用了，就是如果要拍摄人的话，站的时间有点长，脸部也有可能拍摄得不那么清楚，有点像被美图软件美坏了的样子。

1906 年美国人乔治·希拉斯首次使用了闪光灯。闪光灯，配上一个木头的大盒子，就是我们电视里经常看到的。以前人们照相时要在大盒子前站好，照相师把头埋进木头盒子上盖着的黑布中，然后木头盒子上面"滋"地亮一下，

准备……

照相为什么要喊食物呢？

茄子

冒出一股烟来，照片才会拍好。我们看到的很多民国老照片，都是这样拍摄的。

1888 年美国柯达公司生产出了柔软、可卷绕的"胶卷"，同时又发明了世界上第一台安装胶卷的可携式方箱照相机。

后来，照相机就按照我们所熟悉的那样发展了，有了双镜头及单镜头反光照相机，有了彩色照片，再后来有了便携照相机，再后来有了数码相机。

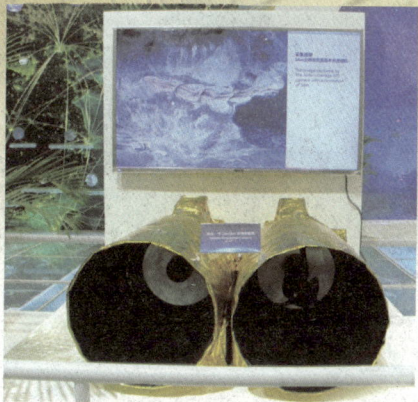

相机是卫星的眼睛。中国的高分二号分辨率达 2 米，能看清马路上的斑马线和小汽车

小贴士

照相机简称相机，是一种利用光学成像原理形成影像并使用底片记录影像的设备，被摄景物反射出的光线通过照相镜头（摄景物镜）和控制曝光量的快门聚焦后，被摄景物在暗箱内的感光材料上形成潜像，

经冲洗处理（即显影、定影）构成永久性的影像，这种技术称为摄影术。

数码与普通照相机在胶卷上靠溴化银的化学变化来记录图像的原理不同，数码相机是集光学、机械、电子一体化的产品。它集成了影像信息的转换、存储和传输等部件，具有数字化存取模式，与电脑交互处理和实时拍摄等特点。

数码相机的里程碑式的事件发生在 20 世纪 60 年代的美国宇航局。在宇航员被派往月球之前，宇航局必须对月球表面进行勘测。然而工程师们发现，由探测器传送回来的模拟信号被夹杂在宇宙里其他的射线之中，显得十分微弱，地面上的接收器无法将信号转变成清晰的图像。

于是工程师们不得不另想办法。

数码单反相机

1970 年是影像处理行业具有里程碑意义的一年，美国贝尔实验室发明了 CCD。当工程师使用电脑将 CCD 得到的图像信息进行数字处理后，所有的干扰信息都被剔除了。后来"阿波罗"登月飞船上就安装有使用 CCD 的装置，就是数码相机的原形。"阿波罗"号登上月球的过程中，美国宇航局接收到的数字图像如水晶般清晰。

在这之后，数码图像技术发展得更快，主要归功于冷战期间的科技竞争。而这些技术也主要应用于军事领域，大多数的间谍卫星都使用数码图像科技。

冷战结束之后，军用科技很快地转变为了市场科技。1995 年，以生产传统相机和拥有强大胶片生产能力的柯达公司向市场发布了其研制成熟的民用消费型数码相机 DC40。不过搞笑的是，柯达公司率先把数码相机推向市场，最后，数码相机的发展，却搞垮了柯达公司。

家用数码相机

照片的出现，使得人们从此以后除了绘画之外有影像资料可以保存，哪怕只是黑白颜色的，人们再也不用手绘地图或者人的相貌了。摄影也成为了一门追求光与影的艺术。

从信息承载的介质上来看，照相机和照片的产生，大大提升了信息承载的效率。

同样，可以提升信息承载效率和信息产出效率的还有复制机、磁带机等，虽然这些机器产出于现代，但与照相机一样，使得人类信息载体上了有了比较丰富的内容，相比较之前需要把文字写在竹简上，或者宫廷画师要给皇帝画像，画得不像会被砍头，照相机真是神一般的发明呀！

六、电子化通讯时代

历史的车轮滚滚向前，我们走过了需要人走马扛的原始通信时代，后来又见识到了用火车轮船飞机传递物品与消息的时代，现在向着我们所熟悉的年代一步步迈近了。

问 什么叫作电子化通讯呢？

我们这一章，讲的就是关于那些"瞬间能够传递信息的故事"。还记得吗？我们以前说过，把"信息"放在"信息载体"上，用"通信方式"传递出去，就完成了一次信息传递的过程。

从本章节开始，"信息载体"再也不是以前的竹简、书本、信纸、照片等等这种实物了，而会变成看不见摸不着的电磁波或者电磁信号。信息还是那样的信息，载体脱离了实物的范围，一下子，通信方式多样化了，传输就变得迅速了起来。

第二次工业革命

电灯照耀下的柏林街景

我们前一章讲过第一次工业革命，那是主要发生在英国的，以瓦特发明蒸汽机为时代标志的一次工业革命，极大地推进了社会的发展，人们在此基础上发明了火车、轮船等等，大大提高了生产力。

其实，上一章提到的汽车与飞机的发明，已经属于第二次工业革命的成果，到底这个第二次工业革命是什么，与之前第一次工业革命有什么不同呢？

内燃机的应用，我们在上一章的飞机与汽车中已经讲过，另外两点，电力的应用与新通讯手段的发明，直接把我们带到入了一种全新的通信方式的时代。

电力的广泛应用是第二次工业革命的显著特点。

那么电是怎么被发明的呢？

不，这里应该说，电是怎么被"发现"的。

电是广泛存在于大自然中的一种物理现象，我国古代很早就发现干燥的时候梳理头发会有静电的火花产生。

电其实就是电子的流动产生的，我们都知道，物质都是由分子组成，分子是由原子组成，原子中又由带负电的电子和带正电荷的质子组成。正常状

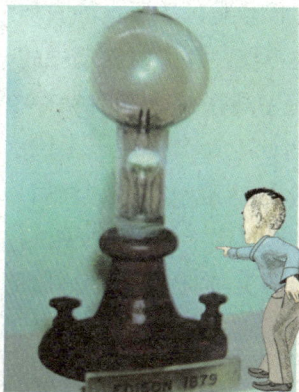

况下，一个原子的质子数与电子数量相同，正负平衡，所以对外表现出不带电的现象。一旦有某种办法让物质中的电子受外力而脱离轨道，这个时候，就有了电流。

如果你觉得以上解释难以理解，或者还没有学过物理这一课程的话，不妨放轻松，把电看成水流即可，水的流动，是从高处到低处的，也是有能量在里面的，我们可以用水流做很多事情。

爱迪生发明的耐用电灯泡

1660 年，盖利克发明了第一台摩擦起电机，有点像可转动的地球仪，用干燥的手掌擦着这个干燥的球体，然后使之停止，就可以获得静电了，这个机器在我们现在的静电实验中起着非常重要的作用。

18世纪中叶，电学实验开始成为公开表演的娱乐。1731年，英国牧师格雷发现，由摩擦产生的电在玻璃和丝绸这类物体上可以保持下来而不流动，而有的物体如金属，它们不能由摩擦而产生电，但却可以用金属丝把房里摩擦产生的电引出来绕花园一周，他第一次分清了导体和绝缘体，并认为电是一种流体，如果电是一种流体，而流体比如水，就是可以用容器来盛装的，这一发现，使得电有了被应用的可能。

曾经有一个比较壮观的关于电的表演，是法国人诺莱特在巴黎一座大教堂前做的，他邀请了当时的皇室成员临场观看储存电力的莱顿瓶的表演，七百名修道士手拉手排成一行，队伍全长达近三百米。然后，诺莱特让排头的修道士用手握住莱顿瓶（你可以理解为电线的一头），让排尾的握瓶的引线（你可以理解为电线的另一头），一瞬间，七百名修道士，因受电击几乎同时跳起来，在场的人，包括见惯了各种大场面的皇室，全部都吓坏了，纷纷称赞"电"是一种太了不起的东西了，诺莱特以令人信服的证据向人们展示了电的巨大威力。现在看来，这是让七百个人手拉着手去摸电门啊！这个实验太危险，读到本书的你

富兰克林的这个实验有相当大的危险性。1753年，俄国科学家利赫曼也做了相同的实验，不幸被雷电击中去世了

一定切记，家里所有裸露的电线和插座，都是不可以直接用手去触摸的！

莱顿瓶的发明使物理学第一次有办法得到很多电荷，并对其性质进行研究。著名的科学家本杰明·富兰克林做过一个著名的费城实验，他在下雨天用系着一串导电的钥匙的风筝放到天上去，从而把电力收集到了莱顿瓶中，在这个过程中被电得七荤八素的，从而弄明白了"来自天上的闪电的电"和"地上的电"原来是一回事。再后来，科学家库仑发明了一种可以用来测量静电力的东西叫作扭秤，推导出库仑定律，也就是关于电的力量的定理，并将这一定律推广到磁力测量上。至此，关于电的应用就走上了正规。

马可尼，意大利无线电工程师。诺贝尔物理奖获得者，人称"无线电之父"

第二次工业革命是指19世纪中期，欧洲国家和美国、日本的资产阶级革命或改革的完成，促进了经济的发展。19世纪70年代，开始第二次工业革命，人类进入了"电气时代"。

第二次工业革命极大地推动了社会生产力的发展，对人类社会的经济、政治、文化、军事、科技、和生产力产生了深远的影响。资本主义生产的社会化大大加强，垄断组织应运而生。

19世纪早期，人们发现了电磁感应现象，也就是电磁可以产生电，根据这一现象，对电做了深入的研究。在进一步完善电学理论的同时，科学家们开始研制发电机。当电可以被发出来，被存储起来，就彻底为人们所用了。

1866年，德国科学家西门子（就是你家里冰箱的那个牌子的西门子）制成一部发电机。后来几经改进，逐渐完善，使实际可用的发电机问世。电动机的发明，实现了电能和机械能的互换，成为补充和取代蒸汽动力的新能源。电力工业和电器制造业迅速发展起来。人类跨入了电气时代。

一位学者在论述第二次工业革命时写道："无论就其深度还是广度而言，第二次工业革命都远远超过第一次工业革命。"

第二次工业革命的影响可以从三个重要方面来说：

首先，新能源的大规模应用，如电力、煤炭等，直接促进了大型工厂比如钢铁制造这种重工业的发展，使大型的工厂能够方便廉价地获得持续有效的动力供应，进而使大规模的工业生产成为可能。当然这也造成了大批的手工劳动工人的失业。

其次，我们在上一章讲过的，内燃机的发明解决了长期困扰人类的动力不足的问题。内燃机的发明又促进了发动机的出现，发动机的发明又解决了交通工具的问题，推动了汽车、远洋轮船、飞机的迅速发展，使人类的足迹遍布了全世界，使得交流更加便利，通信更加迅速。

第三，通讯工具的发明。自从19世纪70年代美国人贝尔发明了电话之后，人与人之间的直接对话就不再面对面。这一点我们会在后面详细说明。

总之，通过第二次工业革命，人类开始通过科学研究来获得纯粹的知识，然后又反过来促进理论的应用。人类慢慢开始进入电气化时代。

电磁感应的发现

在人类开始了对电的应用以后，就发现，当电流通过时，会对磁性指针（比如指南针）产生偏转作用，甚至马蹄形软铁上通电后，竟能吸起4千克的铁块，这说明电流是可以转换为磁力的，那么，磁力是否可以反过来转换成电力呢？如果可以，方法是什么呢？

最早思考这个问题的人是谁，已经不得而知，但是发现这一现象的，是作为实验室洗瓶工的法拉第，最令人不可思议的是，在做实验室洗瓶工之前，他只是一个做书册装订的学徒。

自从1820年马蹄铁可以吸起铁块开始，法拉第就为磁力转化为电而苦思冥想，反复实验。他先是用磁铁去碰导线，没有电，对磁铁上绕上导线，还是没有电。从

1821 年开始到 1831 年不觉已过去整整 10 年，脑汁绞尽，十指磨破，也没变出一丝丝电来。

在这十年期间，法拉第经过不懈努力，已经从一名实验室洗瓶工人，成为一名可以独立发表科学论文的科学家，在众科学家的保举下，加入了皇家学会，成为一名真正的皇家学会会员，从事科学研究。但是，磁力转变成电的影子，还是没有一丝。

一天，他又在地下实验室干了半天，还是毫无结果，气得他将那根长条磁铁向线圈里咝地一声扔进去，仰身向椅子上坐去。可是就在坐下去的一刹那间，他仿佛看到电流计上

法拉第，电磁现象的发现者，也是电磁学的奠基人

的指针飞快地抖动了一下。"莫不是我看错了？"他定睛望去，果然，电流指针又因此而不动了。他一方面希望自己看到的是假象，另一方面隐约感觉到了什么，于是将磁铁抽出来又试了一次。不想这一次，电流指针又向右动了一下，天呀！竟然是真的！他忙又将磁铁插回，指针又向左偏了一下。原来，磁变电，竟然是这样产生的！苦苦寻觅了 10 年的电磁现象，原来是通过运动来产生的！

于是法拉第翻开笔记，用工整的笔迹，记录下了这美妙的一刻。

"1831 年 10 月 17 日。磁终于变了电……"

电灯的发明

早在 1821 年，英国的科学家戴维和法拉第（对，就是上面发明了电磁感应的法拉第和他师傅）就发明了一种电弧灯。这种电灯用炭棒作灯丝，但是光线刺眼，寿命不长，很不实用。因此，作为发明家的爱迪生就暗下决心："我一定要发明一种灯光柔和的电灯，进入每个家庭。"

他从灯丝的材料开始找起，从最便宜的炭条到最贵的白金，前前后后试验了 1600 多种材料，全都失败了，当时爱迪生已经小有名气，英国一些著名专家和媒体的记者都嘲笑他不可能实现这个想法。

爱迪生面对一千多次的失败和所有人的冷嘲热讽，脑子里却无比冷静。他深刻

世界上最愚蠢的发明就是电灯。

因为有电灯，才有晚自修这件讨厌的事儿。

呀！

地知道，每一次的失败，意味着又向成功走近了一步。

1879 年 10 月，爱迪生的老朋友麦肯基来看望他。麦肯基是有着长长胡子的老先生，爱迪生突然眼睛一亮，说："可不可以，我要用您的胡子。"令人遗憾的是，炭化后的胡子试验结果也不理想。当会谈结束，爱迪生转身准备为这位慈祥的老人送行时。他下意识地帮老人拉平身上穿的棉线外套。突然间，他灵光一动，又喊道："棉线，为什么不试棉线呢？"

爱迪生把棉线用高温处理，让它炭化。费了九牛二虎之力，才把一根炭化棉线装进了灯泡。当爱迪生的助手把灯泡里的空气抽走，并将灯泡安在灯座上时，所有人都开始紧张，仿佛有预感一样，接通电源的瞬间，灯泡发出金黄色的光辉，把整个实验室照得通亮。这就是人类第一盏有实用价值的电灯，足足亮了 45 个小时，所以 10 月 21 这一天被人们定为电灯发明日，标志着可使用电灯的诞生。

后来，爱迪生又把棉线变成了竹炭，结果这个灯泡亮了 1200 个小时，也就是 50 天，于是他开始大批量生产电灯，第一批灯泡是用在考察用的轮船上的，用来方便考察队员在夜间

爱迪生是了不起的发明家，除了电灯，还发明了留声机、保险丝等。他一生有一千多项发明呢

也可以工作。从此以后，电灯成为了家家户户普遍都可以拥有的东西。

几十年后，灯炮的灯丝材料又进一步改进成了钨丝，并在灯泡内充入隋性气体。这样，灯泡的寿命又延长了许多。我们现在如果还能看到白炽灯，使用的就是这种灯泡。

画家莫尔斯的跨界梦

工业革命、电、电磁、电灯等一系列新事物的产生、发明或者应用，与我们本书所讲的通信有什么关系呢？

别着急呀，马上就要进入关键时刻了——人类即将进行真正意义上的瞬间、远距离的、信息无线传输。

这个关键性的时刻发生在 19 世纪中期。

1832 年的秋天，一个名叫莫尔斯的画家，正乘坐一艘叫作"萨丽号"的邮轮从法国开往美国。

这位美国画家放下画笔，与甲板上观望风向的船长攀谈起来："在这茫茫大海上，我们离陆地如此之远，如果有事情紧急呼救，有什么办法可以让大洋对岸的人知道吗？"

船长沧桑的皱纹里写满无奈，耸耸肩说道："没什么好办法，只能听天由命。"然后又以无奈而且戏谑的口吻说道："或许有办法，就像当年哥伦布那样，把求救的消息封在椰子壳里，扔到大海里，祈祷大海能把消息带回去，让他们派船来救我们吧"

画家莫尔斯好奇地问："哥伦布成功了吗？"

"哪有什么成功。根本没有人捡到那椰子壳，不过这也正常，海上的古怪天气，我们可是琢磨不透呢！"船长仿佛在嘲笑画家的耐心，"不说这个了，讨论这个话题可是有点不吉利呢，你看那边的医生在讲什么？"

莫尔斯看到，人群之中，一名叫作杰克逊的青年医生正在向人们讲解电磁铁的功能："最近有科学家的实验表明，缠绕在线圈上的电线越多，电流通过电线时，电磁的吸引力也就愈强。不论电线有多长，电流都可能瞬息通过。科学将会创造奇迹。"

他用一块马蹄形状的磁铁一边演示一边解释道："这就叫电磁铁。在没有电的情况下，它没有磁性；通电后，它就有了磁性"。

"这真是太神奇了！"莫尔斯脑脑中电光火石般有了一个新想法，如果用电流传输代表信息的电磁讯号，不是可以在瞬息之间把消息传送数千英里之遥吗？船长的问题不就解决了吗？

莫尔斯发明了电报，人类实现了远距离的即时通讯

经过几天几夜的彻夜思考，莫尔斯的生活彻底改变了。这位已经41岁的一流的画家，堂堂的美国画家协会主席，放下了画笔，放下了他教授的身份，把画架、石膏塑像、静物都扔在一边，开始走上了科学发明的道路。他从零开始，如饥似渴地学习，遇到自己不懂的问题，他便向大电学家亨利请教。他的画室，电池、电线以及各种工具成了房间的"主角"，变成了电学的实验室。

用我们现在的话来说，这叫"跨界"。

在研究这个可以瞬间传输消息的机器的几年里，莫尔斯的生活贫

小贴士

电报机的发报装置是由电键和一组电池组成。按下电键，电线内便有电流通过。按的时间短促表示点信号，按的时间长些表示横线信号。这样就可以发报了，而接收信息的收报机装置就有点复杂了，主要是由电磁铁组成，当有电流通过时，电磁铁便产生磁性，这样一来，由电磁铁控制的笔也就在纸上相应地记录下点或横线。

困潦倒，他节衣缩食来购买实验用具，甚至饿肚子，以至于后来他不得不重新拿起画笔，挣点小钱来解决生计问题。但是，对于电磁的研究仍旧是他的主要目标。

在坚持不懈的努力和友人的帮助下，1837 年，莫尔斯终于发明出了能够真正意义上瞬间远距离传输信息的机器——电报机。同时发明出用使电流交替通电和切断电所产生的不同讯号，来代表不同字母和数字的电码，也就是著名的莫尔斯电码。

1844 年 5 月 24 日，是人类电信史上值得载入史册的一天。这一天，在美国国会大厅里举行了一次隆重的电报机实验活动。莫尔斯在华盛顿国会大厦联邦最高法院会议厅中，在座无虚席的国会大厦里所有重要科学家和政府人士面前，他的用慷慨激昂的演讲激起了听众们的极大兴趣，听完他的演讲后，人们都焦急地等待着这个神一般的奇迹发生。

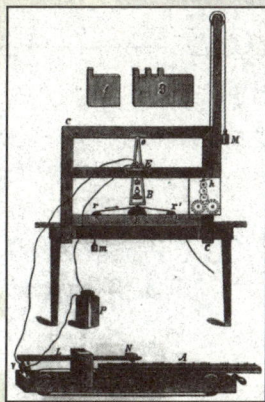

世界上第一台莫尔斯有线电报机结构图

演讲完毕后，莫尔斯用不知道是激动还是紧张的颤抖的双手，向 40 英里以外的摩城发出了历史上第一份长途电报。内容是"上帝创造了何等的奇迹"。整个世界欢呼了。人类开启了瞬间传递信息的旅行。

1844 年 5 月 24 日，这一天便成了国际公认的电报发明日。

莫尔斯的这一发明在全球都引起了轰动。他的电报因为使用了电报编码，具有简单、准确和经济实用的特点，比同时期其他人发明的电报实用的多。电报马上成为当时全球最先进的通信手段，后来更有了无线电报等技术上的演进。如今，莫尔斯电码已成为现代电报通信的基本传信方法。尽管已经在正式场合中退出历史舞台，但莫尔斯电码的应用一直广为流传。

故事总是有比较好的结局，1858 年，欧洲几个国家一起给莫尔斯一笔 40 万法郎的奖金。在莫尔斯垂暮之年，纽约市在中央公园为他塑造了雕像，用巨大的荣誉来弥补曾使这位科学家陷于饥饿境地的过错。

莫尔斯电报是如何传递信息的呢？在发电报时，电键将电路接通或断开，信息

字符	电码符号	字符	电码符号
A	● ━	N	━ ●
B	━ ● ● ●	O	━ ━ ━
C	━ ● ━ ●	P	● ━ ━ ●
D	━ ● ●	Q	━ ━ ● ━
E	●	R	● ━ ●
F	● ● ━ ●	S	● ● ●
G	━ ━ ●	T	━
H	● ● ● ●	U	● ● ━
I	● ●	V	● ● ● ━
J	● ━ ━ ━	W	● ━ ━
K	━ ● ━	X	━ ● ● ━
L	● ━ ● ●	Y	━ ● ━ ━
M	━ ━	Z	━ ━ ● ●

莫尔斯密码表。点表示击键时间很短，划表示击键时间长些

是以"点"和"划"的电码形式来传递的。发一个"点"需合 0.1 秒,发一"划"需要 0.3 秒。在这种情况下，电信号的状态只有两种：按键时有电流，不按键时无电流。有电流时称为传号，用数字"1"表示；无电流时叫空号，用数字"0"表示。一个"点"就用"1、0"来表示，一个"划"就用"1、1、1、0"来表示。莫尔斯电报将要传送的字母或数字用不同排列顺序的"点和划"来表示，这就是莫尔斯电码，也是电信史上最早的编码。

如果你有兴趣的话，可以对照莫尔斯电码表，来翻译一下吧。

电报与泰坦尼克号的故事

电报见证了很多历史时刻。1912 年 4 月,号称"永不沉没"的巨轮"泰坦尼克"号的首次航行即遭沉没的消息，也是由电报首先记录下来的。

据说，轮船沉没时，曾使用的新求救信号 SOS(*** ━━━ ***) 发报，结果没有被理睬。泰坦尼克号沉没后，SOS(*** ━━━ ***) 才被广泛接受和使用。泰坦尼克号也

泰坦尼克号

因此成为世界上第一艘发出 SOS 电码的船只。

更有考证说，泰坦尼克号是因为一封被忽略的电报导致沉没的。

泰坦尼克号在撞上冰山之前，报务员菲利普斯在船上已经收到了关于冰山的预警，因为另一艘游轮"加州人号"已经因为浮冰被困住一天了，但"加州人号"只是按照上司的要求向外发送了冰山预警后，便关掉电报机睡大觉去了。事实上，这封电报并没有引起泰坦尼克号的警觉。

问题出在电报本身，因为报务员发出电报时，没有按惯例在开头标注"预警"，电文也没有使用正式严肃的通行语气说："注意！前面有冰山！"而是说："你们应该知道"加州人号"可是因为冰山而停航的。"这种在电报中聊天的轻松语气，使得泰坦尼克号错过了这样一次致命的预警机会。

电报的流行在 20 世纪二三十年代到达巅峰。当时虽然已有了电话，但是电报的费用比长途电话要低得多。在第二次世界大战期间，电报成全球很多家庭最害怕见到的东西，因为各国都是通过电报通知阵亡士兵的家属。

小贴士

作为一种信息编码标准，摩尔斯电码拥有其他编码方案无法超越的长久的生命。摩尔斯电码在海事通讯中被作为国际标准一直使用到 1999 年。1997 年，当法国海军停止使用摩尔斯电码时，发送的最后一条消息是："所有人注意，这是我们在永远沉寂之前最后的一声呐喊"！

最短电报和最后一封电报

"？""！"

世界上最短的电报出自法国著名小说家雨果之手。1862 年，他写成了一本叫做《悲惨世界》的名著。作品出版之后，他急于知道作品的销售情况，便拍了一封电报去询问他的出版商，去电只有一个"？"。而出版商则兴奋地回复："！"。一个问号和一个感叹号便将整个事情脉络讲解得清清楚楚。

真是省钱呀。

人类历史上，最后一封电报是印度发出的。

终止 162 年电报业务 数千人争发留念

2013 年 7 月 14 日，印度国有电信有限公司终止电报业务。这宣告经历 162 年的印度电报业同时也是世界上最大的电报服务退出历史舞台，数以千计的民众挤入各地电报局抢发"最后一封电报"。这些电文的内容也各不相同，有的写着"再见电报"、"向电报致敬"等字样。

中国的电报

电报发明使用以后，很快就传到了中国。

清末民初，电报员是个十分吃香的工种，每月可拿薪水 30 两银。发报也很贵，从天津往通州发一个电报的价钱，可以买 16 斤大米，或者 30 个鸡蛋。

早在 1877 年，大清国就触"电"了。当年李鸿章下令修建的从天津机器局到城内总督衙门的电报线，全长 16 里。这条极短的电报线，花钱不办，但效率提升却极快，令李鸿章在电报进京上产生了极大的动力。

中国早在 1877 年就开始使用电报了

后来，北京的电报，在专供政府使用的"内局"之外，还设立了官商合用的"外局"，这几乎是大清国第一次将某种新生事物从创办伊始就与民分享。

到 1900 年，全国境内的电报线路共达 9 万余里。这大约是大清国半个世纪的改革中，最为顺利和迅速的成果。

关于发明电话的N多版本

插问 电话的发明人不是贝尔吗？难倒电话的发明人还不怎么确定吗？

自从电报被发明后，电磁领域的研究和应用被越来越多的发明家与科学家所涉足，人们不再满足于用符号来代替信息，科学家们都在致力寻找一种可以直接传递声音的方法。

声音怎么传递呢？那个时候还没有录音机，如果让声音沿着电流走，会不会酷一点呢？

这个当时科学家们设想的"酷一点"的机器，就是电话。

不过关于电话到底是谁发明的，有好几个不同的版本，从电话被发明那一刻起到现在，都没有太绝对的定论，所以只能说，电话是多位科学家努力的结晶。

版本一：美国人贝尔发明了电话

亚历山大·贝尔生于 1847 年的苏格兰人，24 岁时移居美国，加入美国籍。他是波士顿大学的教授。年轻时的贝尔跟他的父亲，聋哑人手语的发明者，一起从事聋哑人的教学工作，他的妻子就是聋哑人。在一次实验中，他想，可否通过电路来传递各种不同的信息呢？这个想法得到了岳父的大力支持，并且提供给他充足的实验经费。

其实当时有很多科学家都在从事这个领域的研究，只是历史上最常用的结论是，贝尔才是拥有电话发明权的人。

电话的发明源于一次故障，贝尔和他的助手由于电报发报机实验机器

亚历山大·贝尔

发生故障，他们发现发报机上的一块铁片在电磁铁前不停地振动，这一振动产生了电流，电流沿着电线传播，竟然使旁边屋子的一块铁片产生了同样的振动，基于这次偶然的发现，1875 年 6 月贝尔和助手沃森利用电磁感应原理，制造出世界上第一部磁电电话机，并于 1876 年 2 月 14 日向美国专利局递交了专利申请书。

这种电话机的原理是：对着话筒说话，话筒底部的有个金属的薄膜，薄膜随声音而振动，振动在电磁线的线圈中便产生了相应的电流，电流再使接收那一端的话筒上的薄膜产生相应的振动，将话音还原出来。

这个原理说起来比较简单，实际实验成功还是费了一番功夫的。

1876 年 3 月 10 日，贝尔做实验时不小心把硫酸洒到脚上，他痛得大叫："沃森，快来帮帮我！"不料，这一求助声竟成为世界上第一句由电话机传送的话音。实验成功了！

1876 年 3 月 7 日，贝尔成为电话发明的专利人。 1877 年，在波士顿和纽约架设的第一条电话线路开通了，两地相距 300 千米也可以互相听到声音了。也就在这一年，有人第一次用电话给《波士顿环球报》发送了新闻消息，从此开始了公众使用电话的时代。

一年之内，贝尔共安装了 230 部电话，建立了贝尔电话公司，这是美国著名的电报电话公司（AT&T）前身。

版本二：格雷发明了电话

上面我们讲了，贝尔在美国专利局申请电话专利是 1876 年 2 月 14 日，而仅仅在他提出申请两小时之后，一个名叫 E·格雷的人也走进专利局，同样也申请电话

美国康奈尔大学，美国西部联合电报公司最大股票持有者

专利权。这是怎么回事呢?

其实,这个与贝尔仅相差两个小时申请电话专利的格雷,也发明了一种电话机。不同的是,他的电话机的原理是利用送话器内部液体的电阻变化来控制声音的,而接收方话筒那边的原理,就与贝尔一样了。

第二年,发明大王、著名的发明家爱迪生开始改良电话机,发明了碳精送话器,使得电话的声音更加清楚,至今我们使用的很多座机电话来是使用这一原理。

后来,美国最大的西部联合电报公司买下了格雷和爱迪生的专利权,与贝尔的电话公司对抗。于是贝尔、格雷、爱迪生三者间关于电话的专利之争一直持续,直到 1892 年才算告一段落。结果是双方达成一项协议,西部联合电报公司完全承认贝尔的专利权,从此不再染指电话业,交换条件是 17 年之内分享贝尔电话公司收入的 20%。

版本三:梅乌奇发明了电话

2002 年 6 月 16 日,美国众议院通过表决,推翻了贝尔发明电话的历史,承认梅乌奇是才是第一个发明电话的人。这是怎么回事呢?

梅乌奇是一位贫穷的佛罗伦萨移民。他在给朋友用电击治疗疾病的时候,偶然发现声音能以电脉冲的形式沿着铜线传播,于是他在 1850 年移居纽约后一直研究这个技术,并率先制作出可以使用的电话的原型。1860 年,他向公众展示了这个可以打电话的机器。当时纽约的报纸还进行过报道。

读到这里你有没有发现,他发明这个机器的时间,比上面贝尔和格雷,都要早?

意大利人安东尼奥·梅乌奇

不幸的是梅乌奇太穷了,他根本没有钱申报专利,更不幸的是,他在一次乘坐蒸汽船时被严重烧伤,使他无法把实验继续下去。在最贫困的时候,梅乌奇不得不把他原来的电话模型卖给了一家二手货商店,才卖了 6 美元。

面对贫困,经过不懈的努力,梅乌奇取得了很大突破,新的电话机也越来越精巧,

梅乌奇向西部联合电报公司寄去了模型和技术细节，但是没能和该公司的主管人员见上一面。当他于1874年想拿回这些材料时，却被告知这些东西已经不见了。

非常巧合的是，还记得吗，两年之后，也就是1876年2月14日，和梅乌奇共用一个实验室的贝尔向美国专利局提出申请电话专利权，并取得成功。

在此之前，梅乌奇愤而提起上诉，为此，梅乌奇准备了一纸上诉状，但为时已晚，他已经将近80岁，而且饱受病痛折磨，穷困交加。当时最高法院同意以欺诈罪指控贝尔，但就在胜利的曙光就要显现时，他却于1889年与世长辞。究竟真相是什么，恐怕已经没有人知道了。

版本四：德国人菲利普·莱斯发明了电话

早在贝尔发明了电话的13年前，德国人菲利普·莱斯就用同样的原理组装出了一部简单的电话机。这部电话机之所以没有公布于世，一名商人在其中起了一定的作用，这名商人不仅隐瞒了这条消息，还向公众保证，承认贝尔才是真正的电话发明人。

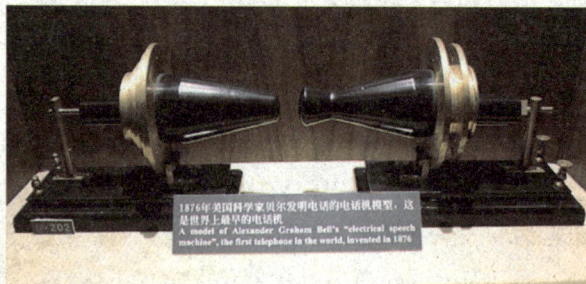

这是贝尔发明的电话机的复制品

原来，当时英国标准电话电缆公司的工程师发现，莱斯早年发明的电话其实已经可以正常应用，所以莱斯的电话应该早于贝尔的发明，但是这家公司的总裁吉尔却封锁了这个发现。因为他在与美国贝尔公司合作一个项目，他怕这个发现会破坏当时已经大名鼎鼎的贝尔的名声，从而对合作产生不利，于是就对此项发现给予保密。

直到最近，被英国伦敦科学博物馆的馆长从文献里发现了一份长达四百多页的未公布的文件，这个被隐藏了大约半个世纪的秘密才被公之于众。这份文件表明，贝尔1947年所做的电话机发明试验，实际上是以一个名叫菲利普·莱斯的德国人早在1863年就发明的电话机为基础的。

虽然有各种不同版本的关于电话被发明出来的故事，但有一点，是不需要怀疑的：

喂，今晚的作业是……

对不起，您拨打的用户已关机，请明天再拨。

电话是多个学家、发明家努力的产物。

电话机一开始刚出现的时候，要自备电池和手摇发电机才能发出呼叫信号，而且它只能用于一个地方到另一个地方的固定通话。1880年到1890年间出现了一种可以共同使用电话局电源的电话机。然后又出现了拨号盘，从此，人们就可以通过人工交换台来选择自己将要打电话去哪里。

随着科学技术的发展，目前我们对于电话的理解已经远远不是放在那里的一部大块头了，而是有了无绳电话、移动电话、智能电话。电话的功能也从简单的信息传递到生活必备的小助手，甚至被开玩笑说，几乎成为了人们的重要器官之一。

电话的发明与应用使得人类即时传递信息的形式，从简单的、表达意思的字符，提升到实时传播声音的高度，相隔遥远的人也可以彼此听到，进行实时的对话，也可以进行战况、金融等及时消息的传递，从这个意义上讲，当时所有用过电话的人比起前人，都是幸福的。

电话在中国

贝尔发明的世界上第一部电话机的英文名称如我们在英文课上学的那样，叫作

颐和园里的电话机

旧外滩

Telephone。这个单词传入中国，被翻译为"德律风"，所以我们有时在电视里会看到那个年代的人把它叫作"德律风"，是一种文雅的叫法。电话刚到上海时，并不是实用工具，而首先是"赚钱的工具"。当时有两个外国人带了几部电话机到上海"淘金"，架起了两部可以对讲的电话机，在人群熙熙攘攘的街头招徕顾客。谁有兴趣，只要花 36 枚铜板，两个人即可在两头拿起电话机的话筒互相交谈，令行人眼界大开。就像我们现在在旅游景点的一个装置里投入一枚硬币就可以看到不同的幻灯片景色一样。

清光绪三十三年（公元 1907 年），因循守旧的清地方政府，也开始设立上海市内电话局，架起了电话线的杆子，有接近 100 个富贵达人之家接入了电话。但是租界内的电话局长期控制在外商之手，所以华界与租界如果要互通电话还要靠人工转接，几十年来一直如此，直到 1955 年，全上海市更新设备，统一全市网络，所有电话才能像现在一样直拨。

第一个打电话的中国人是郭嵩焘。1876 年，也就是电话发明的当年，郭嵩焘被任命为第一任驻英公使，而派往电话发明者贝尔的故乡英国。这也就使郭嵩焘最早有机会接触电话这一当时英国人都没怎么接触到的玩意儿，从而成为了第一个打电话的中国人。

郭嵩焘到达英国首都伦敦后，于 1877 年 10 月应一家英国工厂主的邀请参观了他们的办公地点。在接待过程中，工厂主特意请郭嵩焘参观刚刚发明不久的电话。工厂主将电话安置在楼上和楼下的两间屋内，请郭嵩焘尝试打电话，郭嵩焘的随从张德彝到楼下去接听，自己在楼上与其通话。

郭问："听闻乎？"

张答到："听闻。"

郭又问："你知觉乎？"

张应曰："知觉。"

郭又说："请数数目字。"

张依言而数曰："一、二、三、四、五、六、七。"

郭嵩焘在当天的日记中写道："其语言多者亦多不能明，惟此数者分明。"由此可见，当时通话效果也不怎么好。

顺便说，郭嵩焘还是第一位把"电报"这个词带到中国的人。

传真机的应用

历史上有些工具总是在没有大规模的使用需求之前就被发明了出来，传真机就是如此。

我们现在所能见到的传真机的使用，是利用电话将图像或者照片迅速地传给另一部电话的过程。简单来说，你去打字复印店里问一下，如果他能发传真，恰好你又有一个朋友的传真号的话，那么你可以把手头上任何图像的信息都用传真机发送给他。先打个电话，然后看着传真机像复印机那样把这张纸"吃进去"又"吐出来"，传真的过程就完了，就这么简单。

现代传真机

在互联网没有广泛应用以前，甚至是现在，传真也是传递图像信息不或缺少的一种手段。

如果你去问你的爸爸妈妈，电话与传真机哪个先被发明，他们十有八九会说是电话，因为我们现在发传真用到的工具都是电话呀，传真号码实际就是一个电话号码。

其实，传真机的历史并不晚于电报机。早在1843年，也就是比贝尔发明电话

的 1876 年更早近 30 年的时间，苏格兰电气工程师亚历山大·贝恩就发明了第一部传真机。

这个发明说起来也很偶然。它不是像我们认为的那样，有意探索新的通信手段的结果，而是亚历山大·贝恩研究电钟的偶然的发明。

1842 年的一天，苏格兰人亚历山大.贝恩正在研究制作一项用电来控制的钟摆，他试图把两支钢笔连接到两个钟摆的装置，再依次和电源连接起来，结果他发现，在另一端的钢笔总是重现前面那端钢笔的位置。他立刻敏锐地发现，如果位置可以重现，那么是不是说任何图像都可以用这

个原理来进行传输呢？于是经过改进，世界上最早的传真机出现了。

小贴士

传真机一开始比较粗糙，使用领域也不广泛，后来随着科学家们对这一技术的改进，发明了"滚筒式的传真机"逐渐来代替原来的钟摆，再后来，1907 年，法国的一位发明家爱德华·贝兰发明了用传真机来传输照片，使得这一技术在新闻领域里被广泛地应用了起来。

法国工程师贝兰。他在 1907 年发明了可以传输图片的电报传真机

使传真机大显身手是在二战。新闻报社争相采用传真技术传递新闻照片，后方人民因此能够及时看到前方将士战斗的情况。所以，二次大战之后传真技术进入了一个迅猛发展的时代。

传真机通俗地说就是"远程复印"。目前传真机的发展趋势是：传递速度越来越快，传递的图像越来越清晰，操作方式越来越简单，设备越来越小巧。但是，由于互联网的发展，我们随时都可以用

电脑甚至手机来拍摄和传输照片，传真机的应用领域也越来越狭窄了，以至于正在读本书的你有可能都没有发过一次传真甚至没有见过传真机。

无线电登场

电波载着声音的飞翔：无线电打开了世界信息传递的大门。

说起广播，我们的印象一般都是坐在车里、或者在学校里听收音机里传出的的广播节目，它像电视和电脑一样，是我们生活的一部分，我们通过广播去认识收音机那一端的主持人，却从未与他们谋面。

实际上，广播的作用可远不止如此。它在我们所讲述的通信史上有着重要的地位，是最早的由点及面的信息传递方式，也是最早的一次可覆盖到很多人群的"信息载体"。

说起广播，老一辈人也叫无线电，说来话长，无线电，其实就是电磁波的传播，前面我们在讲电报、电话发明的故

赫兹证实了电磁波的存在，有了电磁波无线电通信才有了可能

事时提到过，电磁波其实是在电与磁、磁与电的相互转换过程中，以电场和磁场的形式向空中辐射的无线电波。电磁波的存在是德国科学家赫兹证明的，所以现在赫兹（Hz）也是频率的单位，一秒钟周期性变动的次数，叫作赫兹，就是为了纪念他。

马可尼在接收无线电信号

关于这个知识点，你可以去问你的物理老师，如果还没有学习到这一课，也可以自行找相关的书籍来学习一下，这是一个值得探究一生的知识呢！

1895年意大利的马可尼和俄国的波波夫几乎同时发明了无线电，但马可尼首先取得了国际专利。

他们都是在重复赫兹的证明电磁波存在的实验中受到了启发，提出了"电磁波可以用来向远处发送信号"的概念。经过科学家们的努力，到了两年后的1897年，不用导线传送信息的无线电通信完全得到了世人的承认。此后无线电通信的距离不断加大。

1898年，马可尼的无线电报首次应用于商业性通信；到1901年，他用10千瓦的音响火花式电报发射机，完成了横跨大西洋3700千米的无线电远距离通信。由于他的卓越贡献，马可尼获得1909年度的诺贝尔奖。

"1906年的12月24日，圣诞节前夕晚上8点钟左右，在美国新英格兰海岸外，在往来穿梭往来的船只上，一些听惯了'滴滴嗒嗒'莫尔斯电码声的报务员们，忽然听到耳机中传来了人的说话声和乐曲声——朗读圣经故事和播放韩德尔的唱片，最后并祝大家圣诞快乐。报务员们怔住了。他们大声呼叫起来，纷纷将耳机传递给同伴们听，以此证明自己并非痴言梦语……"

上面这段文字资料，出自于我国电子学专家赵保经先生的一篇文章，记述的是当时行驶在海上的船员们收听到美国科学家费森登进行的人类第一次无线电广播实验时的情形。广播的内容是两段笑话、一支歌曲和一支小提琴

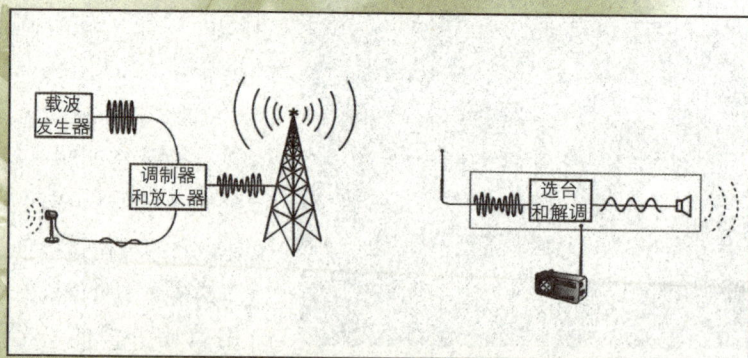

无线电广播信号的发送和接收

独奏曲。这一广播节目被当时四处分散的持有接收机的人们清晰地收听到了。可见广播给当时的人们带来了多么新鲜的生活体验。

1908 年，美国的弗雷斯特又在巴黎埃菲尔铁塔上进行了一次广播，被那一地区所有的军事电台和马赛的一位工程师所收听到。

老式晶体管收音机，曾经是中国家庭里重要的家用电器

1916 年，弗雷斯特又在布朗克斯新闻发布局的一个试验广播站播放了关于总统选举的消息，可是在当时只有极少数的人能够收听这些早期的广播。

由于无线电的广泛使用以及人们对于大功率发射机和高灵敏度电子管接收机技术的熟练掌握，使广播逐渐变成了现实。

1920 年，在美国成为世界上第一个取得营业执照的商业广播电台匹兹堡 KDKD 广播电台开始播音。此后，各国的无线电广播陆续诞生：1921 年，英国、加拿大、新西兰、澳大利亚和丹麦；1922 年，法国、苏联；1923 年，德国、中国（1 月 23 日，上海）；1924 年，荷兰意大利；1925 年，日本。其他各国的无线电广播随后也相继发展起来。到 1935 年，全世界的无线电广播电台发展到 1700 多家。

不过，当时各国无线电广播的频率都是在中波和长波波段。在 1921 年业余无线电爱好者发现 200 米以下的短波具有远距离传输特性后，无线电广播很快开辟了短波波段。1927 年，荷兰菲利普公司建立的大功率电子管发射机开始向世界广播。此后短波广播电台如雨后春笋般地建立起来。

1962 年起，世界上又兴起了调频立体声广播。1959 年元旦，我国在北京首次开始调频广播，80 年代中期，无线电调频广播在全国普及。从此，人们迎来了不受噪声干扰，且具有高保真度的无线电广播新时代。

随着广播节目的兴趣，涌现出一批对于无线电有着强烈兴趣的爱好者，被称为"火腿族"，英文为 HAM。

他们不是专门从事无线电工作的，却掌握了一定学习、制作、使用无线电的技术，对无线电熟练应用产生了一定的乐趣。这也是一种比较有情怀的信息传递方式，有兴趣的话你在家里不防研究一下。

广播在中国

中国最早的广播是由美国人奥斯邦于 1922 年底在上海创办的，1923 年 1 月 23 日晚上 8 点开始播音。

1923 年，美商开孚洋行同时也在上海设立广播电台，内容以播送音乐为主，也仅维持半年。

中国人建立的第一座官办广播电台是"哈尔滨广播无线电台"，于 1926 年 10 月 1 日开播，是由我国早期著名的无线电工程专家刘瀚主持创建的。那个时候全国只有一万多台收音机，广大人民群众还在温饱线上挣扎，所以广播只是有钱人的消遣。

新中国的广播是由中央人民广播电台和各级地方广播电台共同组

中央人民广播电台大楼

成的。1949 年 12 月 5 日，北京新华广播电台正式定名为中央人民广播电台，成为中华人民共和国的国家广播电台。当时，全国对内广播的电台共有 49 家。

影像这个新玩意

《工厂大门》见证了世界电影的诞生

电报的发明，让人类第一次可以真正意义上瞬间传递信息；

电话的发明，让我们第一次可以听到遥远的声响；

传真机的发明，让我们不用邮寄也可以让一模一样的影像传输得更远；

广播的发明，让我们驻守在一个位置，把我们的消息通过电波散播向四面八方。

上个世纪 20 年代，随着广播在各个领域的应用越来越广泛，聪明的科学家们又开始思考：既然广播可以让声音由一个点传播至很远，有收音的人们都可以接收，那么有没有什么办法可以让图像也这样传播呢？如果真的可以实现，那岂不是可以像那个新鲜的玩意"电影"一样，这边演出电影，那边就可以看到了吗？

是的，那个时代，电影才刚刚诞生，也是个新鲜玩意儿。世界上公认的电影诞生日是 1895 年 12 月 28 日，法国的卢米埃兄弟在巴黎的"大咖啡馆"放映电影，买票入场的观众首先只是对这个新鲜的玩意儿感到刺激，随后大多数人就被播放的 12 部影片中的一部叫作《火车到站》的影片吓到夺门而出。

由于咱们这本书讲的是信息的通信，电影其实也是一种信息的载体，但在通信史上，电影更多的是艺术类作品信息的承载，所以在此就不做过多讲解啦！

总之，聪明的科学家们在寻找一种可以实时传播图像的方法，就像电话可以实时传送声音一样。

电视来了

1924 年的一天，英国一个叫作约翰·洛吉·贝尔德的科学家，在自己的简陋实验室里辛苦地把各种实验装备拆拆装装，一只脸盆架、一只破茶叶箱子、装在旧箱

贝尔德和他用来做实验的木偶

子里的投影灯、几块透镜等"破烂",就是这个实验室里的一切。

贝尔德艰难地发射出一朵十字花的影像,但发射距离比较短,图像也非常模糊,于是他大胆地把几百个干电池连接起来,以增加电路里的电压,但一不小心,贝尔德触摸到了裸露的电线,立刻被高压电击倒在地,昏了过去。

讲到这里不禁要插一句,以上情节危险,禁止模仿!将家里的多节干电池连接起来并用导线做连接,是非常危险的行为,任何时候都不要用金属物品同时接触干电池的正负两极,几号电池都不行。

总之,伦敦的报纸报导了这一消息,一方面大家认为电视机这种装置发明无望的同时,另一方面这个消息也为贝尔德吸引来了一些投资人。

功夫不负有心人,在 1925 年 10 月 2 日的一个清晨,贝尔德用于做实验的一个木偶的头像,终于清楚地显示在了实验室的接收机器上。这一天,也是公认的世界上的电视发明日。

这一发明极大地鼓舞了英国上上下下,于是他得到了更多资助,以投入到建立电视台的项目中去,其他科学家的研究也突飞猛进,渐渐地,科学家们又发现当电子束撞击阴极射线管时,会像湖面中的石子留下涟漪一样残存影像,于是电子电视代替了贝尔德的机械式电视,后来又出现了显像管电视。

贝尔德又研究出了彩色电视机

英国南肯辛顿科学博物馆

　　最终，1936 年，英国广播公司开始正式从伦敦播放电视节目。

　　在 1941 年，贝尔德又研究出了彩色电视机，对的，就是大彩电，可惜当时战乱，整个实验室被炮弹炸毁。终于在 5 年后的 1946 年，英国广播公司开始播放彩色电视节目了，但是贝尔德却病倒了，几天后便离开了人世。

　　至今，如果你去英国南肯的辛顿科学博物馆，还可以看到贝尔德当年发明的第一台电视机，以及第一次出现在电视影像中的那个小木偶呢！

　　在当时的年代，同一批科学家发明出差不多的新东西，是很有可能的。比如，在贝尔德发明电视的同一年，俄罗斯人斯福罗金在西屋公司也向他的老板展示了他的电视系统。

　　尽管时间相同，但贝尔德与斯福罗金的电视系统是有着很大差别的。史上将贝尔德的电视系统称做机械式电视，而斯福罗金的系统则被称为电子式电视。这种差别主要是因为传输和接收原理的不同。

　　电视机的发明，不是贝尔德一个人在短时间内能够完成的，它集中应用了那个

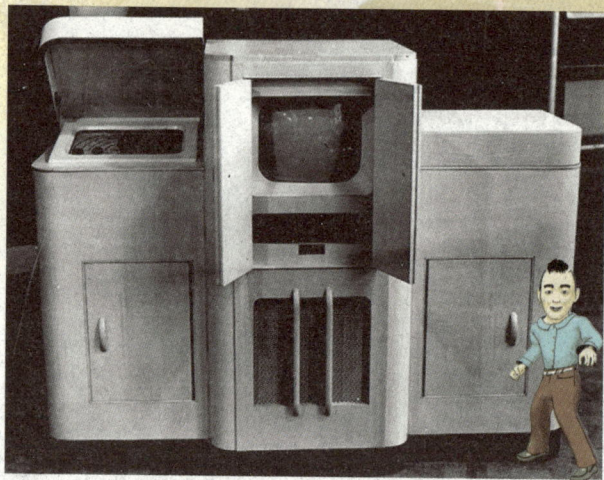

1949 年的电视机和收音机二合一产品

年代很多基础的发明原理。最初的电视机在今天看来是很土气的，但这正是更高度发展的开始。

从此，电视开始了它神奇的发展历程。贝尔德，这位电视机之父，根本没有想到他的发明会给未来人类的生活带来多大的变化，我们现在看到的电视甚至不像以前有着巨大的体积，而是薄薄的一块屏幕摆放在屋子里，技术上更是有了液晶屏电视、等离子电视，甚至曲面电视、投影电视等等，这一切都要感谢前面提到的所有发明家，感谢贝尔德。

为什么？嗯，想想你一个礼拜没有电视看的日子吧。

电视的增长数量是巨大的，至今恐怕已经无法估算全球共有多少台电视在工作了。

拿美国举例来说，1946 年，美国电视机的数量不超过 1 万台，到了 1966 年，全美彩色电视机超过了 1000 万台。而到了 1993 年底，美国 98％的家庭拥有至少一台电视机，其中 99％为彩色电视机。再往后的 2000 年，已经实现了每个家庭都有一台彩色电视的普及。

电视以及电视节目的出现，不但使我们的休闲时间得到前所未有的充实，更重要的是加大了信息传播的速度与信息量，使世界开始变小。

用我们本书一直在讲的理论来说，电视的出现在通信三要素："信息"、"信息载体"、"通信方式"上都有了革命性的变化。

如今，电视已成为我们普及率最高的家用电器之一，而电视新闻、电视娱乐、电视广告、电视教育等已形成了巨大的产业。电视作为一项伟大的发明，给人类带来了视觉革命。

再次感谢一下贝尔德吧！

电视节目的原理

当我们谈论电视节目的原理时，我们讨论的可不是那一堆显像管、晶体管与电路板，从进入信息时代开始，这些发明变得越来越复杂，难以用简单的篇幅说明白其中的科学道理与电路原理，关于这些你如果有兴趣，可以看看其他相关图书，比如《家庭电视机维修》之类的，我们这里只谈一谈为何我们通过电视可以看到动态的图像。

电视和电影之所以可以连续地在我们眼前传播影像，其原理是我们人类大脑中的结构决定的。

我们人的眼睛在观察景物时，看到东西是因为有光线，光线传入眼里里，也就是被大脑里的神经接收，这个过程叫作"看到"，然后光线突然消失或者改变后，原来光线所留下的视觉形象并不会在大脑神经里立即消失，这种残留的视觉称为"后像"，而上面我们所说的这个视觉现象则被称为"视觉暂留"。

简单的说，视觉暂留是光对视网膜所产生的视觉在光停止作用后，仍保留一段时间的现象，这个一小段时间大概是 0.1~0.4 秒。

所以，电视和电视拍摄时候，其实是把各种动作每秒钟拍成了 24 张"照片"，用一秒钟播放 24 张"照片"的速度把影像播放出来，正好赶得上"上一张照片的影像在视网膜停留未消失，下一张照片又及时传递进来"，所以我们的眼睛看到的影像就是动态的了。

这 1/24 张的"照片"，术语叫作一帧，因为视觉暂留，在贝尔德发明电视之初，每秒钟只有 5 帧，所以看上去是不连续的，

一张张相似的图片从你眼前连续闪过时你会觉得看到图上的马车动了起来

在现代电视节目中，一般每秒都是 25 帧、59 帧，可以让我们在欣赏连续刺激的动作大片时作到流畅无比。

<设计一个小游戏，拿一个本子做一个视觉暂留的小动画>

1936 年 11 月 2 日，英国广播公司在伦敦郊外的亚历山大宫，播出了一场颇具规模的歌舞节目，并首次开办每天 2 小时的电视广播。全伦敦只有 200 多台收视电视机，但它标示着世界电视事业开始发迹。

1939 年 4 月 30 日，美国无线电公司通过帝国大厦屋顶的发射机，传送了罗斯福总统在世界博览会上致开幕词和纽约市市长带领群众游行的电视节目。成千上万的人拥入百货商店排队观看这个新鲜场面。

小贴士

对当年柏林奥林匹克运动会的报导，是年轻的电视事业的一次大亮相。当时共使用了 4 台摄像机拍摄比赛情况。其中最引人注目的是全电子摄像机。这台机器体积庞大，它的一个 1.6 米焦距的镜头就重 45 千克，长 2.2 米，被人们戏称为电视大炮。

1958 年，中国的第一台电视机

我国第一台电视

1958 年，中国第一台黑白电视机在天津诞生，当时，全国只有 50 多台黑白电视机。1971 年，全国已建有电视台 32 家。21 世纪初，中国大陆的电视覆盖率高达 94%。

最早出现在我们电视荧屏上的主持人是著名节目主持人沈力老师。

1958 年，我国组建第一家电视台，当时叫作北京电视台，是中央电视台的前身。沈力通过筛选成为中国荧屏第一人。"那会儿电视事业刚刚起步，一般人家都没有电视机，对电视的威力也不了解，影响比广播小得多，不像现在影响面大。所以，一切都很平静。不过，这是去开拓一项崭新的事业，我感到很荣光！"在谈及那段岁月，沈力老师如是说。

从 1983 年元旦开始，《为您服务》栏目以崭新的面貌同观众见面了，由沈力主持。15 分钟的小栏目，刚一开办，仅 5 个月就收到了 1.3 万封观众来信，可见当时节目的影响力之大。

中国第一位电视播音员沈力

在我们的印象中，直播的电视节目比播放录像要更难一点，但其实，我国电视台创办早期，由于没有录音设备，所有的节目都是直播，哪怕细小的疏漏和差错都会带来无法挽回的后果。为了保证画面对得准确，为了避免差错，主持人会忙得晕头转向是常事，顾不上吃饭也不稀奇，有时就连上厕所也要小跑。

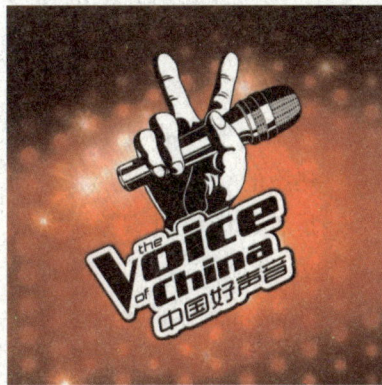

电视栏目宣传海报

中国电视大发展

中央电视台于 1972 年 5 月正式播出彩色电视节目，上海电视台则于同年 10 月播出彩色电视节目。自此中国的电视进入到彩色时代。

就中国电视的发展而言，1958 年至 1983 年，这一阶段在现在的中国电视发展史上，几乎很少会浓墨重彩地进行叙述，原因也很简单，那个时期电视还不是我们现在所理解的大众媒介，还不够普及。

1983 年以后，中国电视业迅速发展，并迅速成为我们现在看到的大众媒介。全国电视人口覆盖率就从 1982 年的 57.3 % 上升到 1997 年的 87.6 %。至 2000 年底，电视的覆盖别为 92.5%。

在我国国庆 50 周年的日子里，数字电视试播成功。之后，深圳、常州等地也进行了小规模数字电视试播。作为与北京、深圳同步试验发展数字电视的上海，则在 2000 年开通了数字电视，其中增补 27 频道的一路高清晰度数字电视节目，并实验其他频道的数字电视节目的传输。

2001 年的 APEC 期间，上海主要宾馆开通数字电视节目。2002 年元月，上海开通数字有线电视节目频道，此时上海电视台的数字化程度已达 45%，并计划两年内完成从模拟到数字的转换；两年后实现无磁带化硬盘播出。

2002 年 9 月 28 日，上海试播 30 套数字电视节目（全国第一），实际可收 44 套视音频节目及气象、股票、新闻等；2003 年，国家更是加快了全国边缘地区的广播电视覆盖工程。

此CCTV非彼CCTV

我们经常会在国外电视或电影中看到墙上刷着 CCTV 的标志，不要纳闷，这里指的可不是我们熟悉的"中央电视台"，而是管道闭路电视系，是英文 Close Circuit Television Inspection 的缩写。这是一种通过闭路电视录像的形式，把摄像设备放入排水管道，然后将影像数据传输到电脑后进行数据分析检测的一种设备。这类检测可全面了解管道内部结构状况。主要用于对排水管道的监测与管理。只是利用了电视通讯原理，跟电视台、电视节目什么的没有关系。

七、信息传递的飞跃

信息传递的飞跃

历史的车轮滚呀滚，打电报已经是落满灰尘的历史了，发传真也只是听说过，电视由黑白变成彩色，由厚变薄，甚至挂在了墙上……

插问 电脑、互联网算不算信息传递？怎么一直没见你说呀？

现在的我们，已经不仅仅满足于电子通讯了，在这个信息穿越了一切障碍的年代，我们通讯的渠道变得异常通畅。

还记得我们每章都要提一下的概念吗？

"信息"放在"信息载体"上，用"通信方式"传递出去，就完成了一次信息传递的过程。

在我们这个时代，信息不仅是文字、图像等具体的东西，几乎一切内容都可以变成信息瞬间传递，而"信息载体"则变成了电子，轻得可以忽略不计，再也不是写一封信需要砍好多棵竹子的年代啦！

而"通信方式"呢，则成为身边一切可利用的东西，在这个年代，无论是手机、电脑、平板电脑，甚至电视、空调、微波炉……都可以成为通信的工具。

在本章里，"通信"其实就真正等于"通讯"。因为在字典里，我们把用电码、电波传递消息叫作"通讯"。

终于到了玩点"现代化"的时间了，我们一起来看看吧！

电脑进化史

我们现在每天要接触到的电脑，是不折不扣近代科技的产物。可是你知道吗，早在 17 世纪——没错，就是那个刚刚有蒸汽机，还没有电的 17 世纪——就有了计算机的雏形。

人类总是在思考用最简单的动作完成更复杂的事情，比如做大量的加减乘除计算这种技术含量不是很高但又费时的事情。

算盘

所以在 1613 年，德国科学家契克卡德制造了有史以来的第一台机械计算机，可以做六位加减乘除的运算。只不过，那个年代的计算机只能做数据的计算，而且实用性不强，远不是我们现在用来玩游戏的这种。

你可能会问了，我国古代的算盘，是不是的一种原始计算机呢？嗯！某种程度上可以看作是，但严格意义上，算盘的原理还是简单的数据计算辅助工具，所以真正的历史意义上的第一台计算机就是上面这位老兄发明的。

后来到了 1834 年，英国科学家巴贝奇第一次提出分析机，也就是现在计算机基础最核心的部分的概念，而他的助手，也就是英国著名诗人独生女阿达·奥古斯塔编制了人类历史上的第一批计算机程序。

世界上第一台电子数字式的计算机

再后来，1890年，美国人口普查时，因为当时数据量处理太复杂，统计学家霍列瑞斯发明了一种叫制表机的机器，进行了史上第一次大规模数据处理，这个公司后来我们都知道它的名字，就是 IBM。

再后来，晶体管被发明出来，世界上第一台电子数字式的计算机，叫作 ENIAC(埃尼阿克)，于 1946 年在美国宾夕法尼亚大学被研制了出来。

如果你站在这台计算机面前，一定很难认出来这个机器是做什么的，它使用了 17468 个真空电子管，耗电 174 千瓦，占地 170 平方米，重达 30 吨，每秒钟可进行 5000 次加法运算。

想象一下，这是一个比你家面积还大的大家伙，这可是一台计算机呀！

虽然它还比不上今天最普通的一台微型计算机，但在当时它已是运算速度的绝对冠军，并且其运算的精确度和准确度也是史无前例的。

比尔·盖茨

举个例子，圆周率(π)大家都会背吧，3.1415926535……我国的古代科学家祖冲之，耗费 15 年心血，才把圆周率计算到小数点后 7 位数。一千多年后，英国人香克斯以毕生精力计算圆周率，才计算到小数点后 707 位。而使用 ENIAC 进行计算，仅用了 40 秒就达到了这个纪录，而且还悲催地发现香克斯的计算中，第 528 位是错误的。

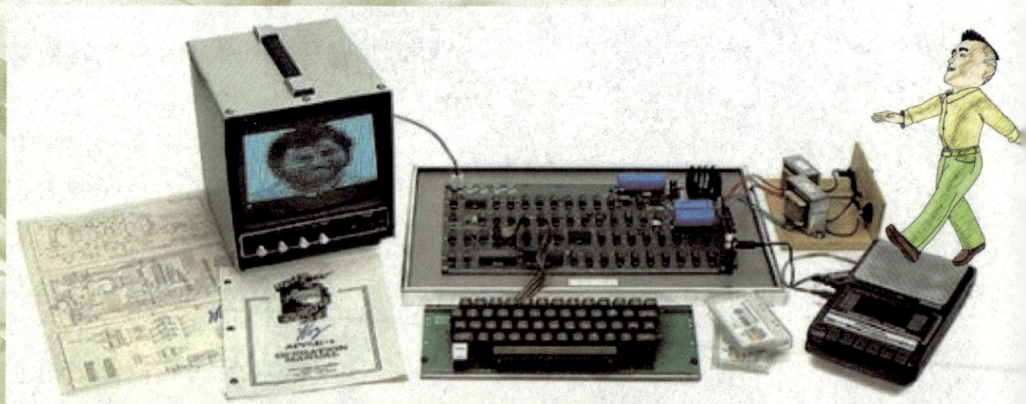

苹果一代

　　ENIAC 奠定了电子计算机的发展基础，在计算机发展史上具有划时代的意义。它的问世标志着电子计算机时代的到来。

　　随后的 30 多年里，计算机被仙童、甲骨文、施乐等公司进行了巨大的改进，比较多地被应用军方或者商业用途。当时它最大的价值是做计算和存储数据，并不是传递数据。因为那个时候网络还不普及，硬要用计算机传递信息的话，可以把信息放在硬盘或者光盘上，看看那个时候的光盘有多大吧！我可不觉得这是明智的选择。

　　1975 年，比尔·盖茨从哈佛大学退学，与好友保罗·艾伦一同创办了微软公司，并制定了奋斗目标："每一个家庭每一张桌上都有一部微型电脑运行着微软的程序！"看，现在他们已经做到了，你的电脑用的应该是 windows 操作系统吧！

　　1976 年，斯蒂夫·沃兹尼亚克和斯蒂夫·乔布斯共同创立了苹果公司——对，就是你所知道的那个苹果公司——并推出了自己的第一款计算机：苹果一代。

　　从此计算机进入了个人电脑时代，1984 年，苹果公司推出了划时代的 Macintosh 计算机，不仅首次采用了图形界面的操作系统，并且第一次使个人计算机具有了多媒体处理能力。

老式计算机

　　在这之前，计算机上运行的可不是彩色的图像，而是黑色屏幕上的一行行代码，甚至有些计算机都没有屏幕，所以现在我们随时可以打开电脑所做的任何操作，在上世纪 80 年代从事计算机行业的高精尖人员看来，是非常不可思议的事情。

　　慢慢地，图像界面出现了，计算机的体积也慢慢变小了，从塞满我们 170 平米的房子大小变成了可以放在桌上的电脑，操作系统也全部变成了图像界面。

　　我们最常用的 windows 操作系统，也有 windows1.0、windows2.0 到 windows95，升级到了现在的 windows7，windows8。功能越来越多，使用越来越方便。

　　在 1946 年那个庞然大物 ENIAC 被制造出来的时候，他的制造者们一定没有想到，在有生之年的现在，可以看到在各国家电脑的家庭普及率过半，甚至有相当数量的家庭已经拥有两台以上的电脑。

我最牛，做事情从来不用脑子。

我们做事情费脑子。

电脑做事情只需要费电。

我们上个世纪组装一台电脑要几万元，那个时代的电脑，计算能力与存储能力是现在的万分之一；后来随着电脑慢慢普及，购买主板、显卡、内存、cup、硬件等组装一台电脑几千元，电脑可以用来上网、学习、玩游戏；再到现在直接购买品牌机，甚至直接用笔记本电脑或平板电脑进行学习与工作，这个时间也就短短的20年，这20年中，个人在使用计算机掌握的数据计算能力的提升，超过了人类历史上从一开始到现在的总和。我们日常生活越来越离不开电脑，就连你的家庭作业，很多科目都是要求用电脑完成的。

这真是个疯狂的年代。

存储的惊人突破

计算机的出现与发展并不仅仅代表"计算"能力的提升，还有存储能力的提升，存储能力是什么？是可以存很多内容呀！而内容又是什么？是我们一直在讨论的通讯方式中的"信息"本身呀。

我们都知道，在电脑时代，存储空间的基

小贴士

电脑中存储的单位有 k 和 M，

1kB 表示 1k 个 Byte，也就是 1024 个字节。

1MB 等于 1024kB，

1GB 等于 1024MB，

1TB 等于 1024GB

本计量单位是字节，1 个汉字占据 2 个字节的存储空间，当我们写下"你好"这两个字的时候，其实就是 4 个字节。

我们现在电脑里硬盘的存储基本单位，都是以 GB 来计算的，你去电脑城买块移动硬盘，也差不多是 500 个 GB 或者 1000 个 GB，也就是 1T 的。

这是什么意思呢？让我们稍微穿越回古代一下。

硬盘

前面我们说过，在我国古代，纸张没有发明以前，是用竹简来记录信息的。秦始皇每天批阅的奏折，有史记载是"以衡石量书"——即每天都要批阅文书 120 斤。

当年的 120 斤也就相当于现在的 60 斤，大概是多少字呢？当时的文书多以中长度的竹简抄写。我找了 60 斤竹简试了一下，如果每枚抄写 30 余字，60 斤竹简，至少可以抄三四万甚至四五万字了。

光盘

好，终于计算出来了，秦始皇每天看 4 万字的奏折，用电脑存储下来，是什么概念呢？看一下上面的公式，4 万字等于 8 万个字节，也就是接近 80kB 的一个文档。

才 80k 哦，一部电影大概 500MB 的话，这一部电影的容量，可以装得下秦始皇这一辈子看过的奏折了。

如果把电脑的硬盘、光盘等看作信息承载的话，我们历史上无论多么复杂的通信内容，无论是文字还是图片，都可以轻而易举地装入并且带走。

在我们这个时代，通信传输中的信息本身，已经变得非常容易存储与传递了，无论你想表达什么，表达多久，都可以方便、快捷地存储于电脑里。

重要的是，还很便宜（想想 60 斤竹简多少钱吧）。

计算机时代的存储工具如下：

硬盘与移动硬盘：硬盘是电脑主要的存储媒介之一，由一个或者多个铝制或者玻璃制的碟片组成，主要的原理是通过磁头对硬盘读写来进行信息的记录或修改。现在有机械硬盘与固态硬盘等不同的硬盘种类。

U 盘

U 盘：其实就是容量小一点、更容易携带的硬盘，现在的 U 盘已经可以做到指甲大小。

光盘：光盘以光信息作为存储物的载体，用来存储数据的一种物品。分不可擦写光盘与可擦写光盘。光盘是利用激光原理进行读、写的设备，是迅速发展的一种辅助存储器，可以存放各种文字、声音、图形、图像和动画等多媒体数字信息。

一张光盘可以存储 8G 左右的数据，光盘的使用已经慢慢随着 U 盘与移动硬盘的普及而逐渐减少了。

磁盘（也叫软盘）：早年在没有移动硬盘的时代，我们电脑里还有个叫作"软驱"的东东，一般是我们电脑中的 A 盘。

是将圆形的磁性盘片装在一个方的密封盒子里，这样做的目的是为了防止磁盘表面划伤，导致数据丢失。

软盘比较常见的型号是 3.5 寸，能存储 1.44M 的内容，现在已经完全退出家用市场。

互联网的诞生

是上网呀！互联网这个每天都会接触到的名词，它在人类的通讯史上承载了最神奇的一种通讯方式。

但是，最早的互联网，可不是说你所认为的，我们家里的 WIFI。

这个每天我们睁开眼睛的第一件事就要拿起手机去探索外面的世界的通道，也经历了比较长时间的发展。

前面我们说了电脑的发展，我们现在用电脑和手机做得最多的事情是什么？

互联网，Internet，这个网络与网络之间所串连成的庞大网络，这些网络以一组通用的协议（可以理解为通用的"命令"）相连，形成逻辑上的单一巨大国际网络。在这基础上发展出覆盖全世界的全球性互联网络称互联网。

互联网其实并没有明确的发展历史，因为它本身就是高科技时代下人与人所达成的协议，它证实了通讯对人们的重要性，并充分肯定了个人的创造能力。

拉里·罗伯茨是互联网的前身"阿帕网"的发明人

互联网这项庞大的工程真正的开始时间是 1962 年，当时美国国会建立了一个国防高级研究计划局，叫作 DARPA，这个机构在 1966 年组织建立了一个网络叫作 ARPANET，也就是计算机史上叫作"阿帕网"的网络，意思是"国防高级研究计划网"，看名字就知道，是为当时冷战准备的具有特定历史色彩的一个发明。

从此人类历史开始了崭新的一页，这完全可以与蒸汽机的发明相提并论。在那一年中，也许只有上帝才清楚，ARPA 这个冷战时期的产物竟为人类未来做出重要贡献。

阿帕网一开始用于军事部门，后来，在几家公司与领导者的研究与带领下，又将美国西南部的加利福尼亚大学洛杉矶分校、斯坦福大学研究学院、加利福尼亚大学和犹他州大学的四台主要的计算机连接起来。当时，全国最强的电脑专家都团结到 ARPA 周围，包括各名校的的一批科学家和工程师。实际上，这些人就是研制 ARPANET(阿帕网) 的中坚力量。

据说在 1969 年 9 月 3 日，美国加州大学洛杉矶分校（UCLA）雷纳德·克兰罗克教授实验室内，两部电脑成功地由一条 5 米长的电缆接驳并互通数据，在场大约只有 20 来人，这天就被视为网络网骨干网络诞生的日子。

"阿帕网"的团队骨干

渐渐地，阿帕网开始向非军用部门开放，当时许多大学和商业部门开始接入，1972 年，基于阿帕网的电子邮件也就是 E-mail 雏形诞生了。

1973 年,阿帕网第一次实现从英国伦敦大学到挪威皇家雷达机构的国际间联网。

同年 5 月份，哈佛大学的一位教授在他的博士论文中首先提出了以太网的概念。以太网技术是一种将成千上万台 PC 连接成网络的技术，这在当时是一种全新的概念。

随着前面我们所说的电脑的发展，世界上第一台可以放在桌子上的个人电脑"牛郎星"出现了，以及第一个由施乐公司开发出来的所见即所得的图像操作系统出来了，施乐公司的这项技术在一个叫史蒂夫·乔布斯的人面前展示了一番，乔布斯意识到了这里面巨大的革命，后来乔布斯又把这个技术展示给了一个叫比尔·盖茨的人，再后来的故事大家大概都知道了，苹果公司与微软公司现在已经深刻地改变了我们的生活。

第一个检索互联网的成就是在 1989 年发

小贴士

1969 年 12 月，最后一台供试验的 IMP4 在阿帕网第四节点——犹他大学安装成功。于是，具有 4 个节点的阿帕网正式启用，人类社会从此跨进了网络时代。

以太网适配器接口

明出来，同年，又有一个重大的事件发生，分类互联网信息协议产生了。如果你对这个名词表示陌生的话，那么 www 协议总该知道了吧，www 是伴随我们上网必须要输入的，www 计划是当年的一套技术标准，包括 html（超文本标识语言）、http（传输网络信息的协议）以及 url（统一资源定位器，换个名字说，就是网址），www 全称是 world wide web，即后来我们翻译成万维网的这个东东。

www 计划与当年几个物理大型网络的合并，使得越来越多的内容移步到了网络上，万维网的最大贡献在于使互联网真正成了交互式的。人们可以访问网站，可以给网站增加内容，可以编辑网站上的内容，甚至还可以对网站说话。

随着个人电脑的发展，连接在阿帕网上的电脑结点越来越多，到 1976 年已经有 60 多个。

在 1976 年 2 月，英国女王伊丽沙白二世发出一封电子邮件。由此揭开了因特网为大众服务、为大众所认可的第一页。阿帕网本身是为军事和科研产生的，而 E-mail 的出现改变了这一状况，其方便、快捷、费用低、无拘束等优点，吸引了大量的公司上网通过 E-mail 收发文件、公函。 E-mail 开始盛行起来，因为它完全符合 Internet 的开放、互联的本质，顺应交流、开放带来效益的历史潮流。

今天的作业是搜集资料写一篇防网络沉迷的文章。

必须用互联网完成。

电子邮件不但使用方便，而且也便于管理。由于都是一些电脑文件，因此可以把电子邮件按收发信的人名用软件管理起来。写完信之后，也不必打印，更不必去邮局，只要给一个发送命令就行。写出的信和收到的信都可以分类保存起来。

电子邮件使人们的工作以及人们在工作中的配合方式发生了很大程度的变化。讨论问题比过去方便得多，也容易得多。可以说，因特网改变人类的生活，受到大众的接受，就是从 E — mail 普及开始。早期互联网最能够惠及大众的行为，就是发电子邮件了。

电子邮件让我们彻底突破了以前手写信件来传递信息的瓶颈，当我们坐在电脑前写下一封邮件点击"发送"的时候，信息内容几乎是"瞬间"就传递到了对方邮箱里。

互联网信息的发布也是一样的，互联网是发布和交换信息最方便的地方。和传统印刷出版业相比，互联网具有实时性，而且成本很低，将文件发给世界上任何一个地方的任何人，费用几乎为零。

"鼠标之父"恩格尔巴特

在网络中，我们可以做的事情超乎前人想象，我们可以随意购买任何需要的东西，轻松点击下单，物品就可以送到家里；懒得出门了甚至可以利用网络来叫外卖；多年不见的朋友可以通过网络写信、聊天，

甚至视频通话，人与人之间的沟通从来没有如此方便过，那个"我住长江头，君住长江尾，日日思君不见君，共饮长江水"时代的感觉，越来越被现在人所遗忘。

早在 1999 年 9 月 3 日，中国还举办过首届 72 小时网络生存测试。现在十几年过去了，别说 72 个小时，只要有网络的陪伴，720 个小时的生存也是没有问题的。

当然，沉迷于网络是一种不健康的生活方式，我们并不能因为互联网所带来的便利，就一味沉醉于网上的生活而对现实生活中日常起居、正常的学习行为视而不见。

互联网互通是全球性的。这就意味着这个网络不管是谁发明了它，是属于全人类的。

在技术的层面上，互联网不存在中央控制的问题。也就是说，不可能存在某一个国家或者某一个利益集团通过某种技术手段来控制互联网的问题。反过来，也无法把互联网封闭在一个国家之内，原因很简单，除非这个国家或区域建立的不是互联网——那就是另外一个话题了。

关于互联网的使用与功能，我想这里无需过多叙述，这本书的读者聪明如你，一定是个网络使用高手，在这里我们一起简单回顾了互联网的发展历史，想告诉你的无非就是在互联网信息时代的信息传递有多么迅速，在这个随时都能把文字、图像等一切信息传递到世界每一台联网机器上的时代，我们是多么的幸运和幸福。

插问 互联网之后，还有更加方便的信息传递方式吗？

手机的诞生

相信现在的你，对于手机是再熟悉不过了，或许你现在还没有自己的手机，但家里爸爸妈妈的手机，一定是你经常使用的"玩具"。

还记得我们曾经说过电话是什么时间发明的吗？比较公认的时间点是是 1876 年美国人贝尔发明的。而第一次用移动电话通话发生在 1973 年，第一部真正意义上的手机的诞生是 1983 年，从电话被发明那天，到移动电话诞生，这中间间隔了一个多世纪之久。

在这一百多年里，电话已经走进了千家万户，成为这个时代最主要的传递信息的方式。

移动电话技术的发明是个非常有意思的事情。

在 1973 年 4 月的一天，纽约曼哈顿的摩托罗拉实验室里沸腾了，因为辛苦研究多年的移动电话终于组装成功。

项目的负责人马丁·库帕举着他们的研究成果——世界上第一部手机，缓步走出实验室，来到曼哈顿的大街上。他将要拨出世界上第一个无线电话的通话。通话对象是谁呢？

在大街上来来往往的人停下脚步，注视着马丁·库帕的一举一动，马丁·库

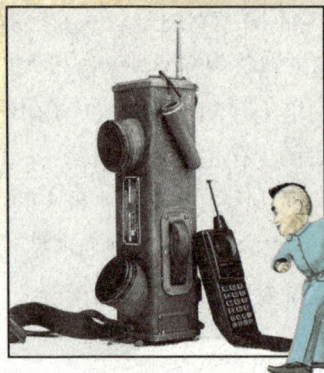

最早的手提电话

马丁·库帕，手机的发明人

小贴士

遗憾的是贝尔实验室不止一次地错过第一次研发移动电话的机会，早在上世纪 40 年代，贝尔实验室就制造出了第一部所谓移动通讯电话的模型，但是由于体积庞大，无人问津，慢慢地人们就遗忘了这件事。

帕按下一串电话号码，然后，电话接通了。库帕激动地说："乔治，我正在用一个真正的移动电话和你通话，一个真正的手提电话！"

原来，他把第一次通话的机会打给了他的竞争对手，也是十年前把他拒之门外的贝

手机的进化

尔实验室的乔治。经过十年的努力，马丁·库帕用这种特别的方式证明了自己的能力，可以想象，乔治在电话那头已经咬牙切齿但又无可奈何。

库帕手上拿的正是世界上第一部手机。和今天的手机相比，这部手机显得又笨重又误事——通话时间只有10分钟，而充电时间却要10小时，仅有拨打和接听电话两种功能。可在当时，这部手机的诞生意味着一个新时代的开始——无线通信的诞生。

经过十年的发展，第一部商用电话仍旧是摩托罗拉生产的，型号为DynaTAC 8000X，重1.13千克，通话时间30多分钟，是名副其实的最贵重的"砖头"，这也就是我们常说的"大哥大"的雏形。

这个大块头重达1.13千克，也就是1130克，像拎着二斤鸡蛋那么重，以现在一部智能手机iPhone6为例，也不过129克，重量上几乎是它的九分之一。

但是这个大块头在当时却是不折不扣的奢侈品，近四千美元的价格即使在美国也不是一般人用得起的。

第一台手机进入中国是在1987年，是跟我们上面说的摩托罗拉最早的手机外形基本一致的3200型号，后来又出来了揭盖式的型号8900——这些都是当时非常流行的"大哥大"，是80年代末90年代初尊贵身份的象征，有人也把它叫作"大砖头"，真的像砖头一样，既可打电话又能防身。

摩托罗拉3200型

当时的电话都是模拟移动电话。那个时候，手机的功能只是局限于通话功能，而且受到技术、材料各方面的限制，款式上相当单一，缺乏变化。

2G时代，手机可以上网了

1995 年，我国开始使用 GSM 网络，后来在 2002 年也陆续有了 CDMA 网络。手机的发展进入了 2G 时代。

GSM 与 CDMA 是什么意思呢？其实是不同的手机制式。手机与手机之间通讯协议不同，网络传输的方法与标准在世界上各个国家是不同的，于是就有了不同的手机数据传输标准。

其实你只要知道，GSM 与 CDMA 比最早的模拟网络，打电话要更加清楚稳定，也就是信号好、辐射比较小、可以收发短信，甚至还可以上网（尽管速度只有每秒1百多 k）就好了。

在我国，主要有中国移动、中国联通、中国电信等提供手机打电话和上网等服务，我们称其为"运营商"。

第一款进入大陆销售的 GSM 手机是爱立信 GH337，我国第一通 GSM 电话是1994 年前邮电部部长用诺基亚 2110 打出的。

在 1995 至 2005 年的十年之间，手机也渐渐变得普及，样式从"大砖头"的形状开始向小巧化发展。诺基亚、爱立信、摩托罗拉、西门子等是当时著名的几大手机厂商，当时大家都以拥有一款这个牌子的手机为骄傲。

不信？你可问问你老爸或老妈，他们的第一部手机是不是这些牌子里的，当时多少钱，又有着怎样的故事呢？

这个时候的手机已经可以开始发短信和上网了，但也不是那么方便，网页都是很简单的文字页面；短信也有限制，在 2002 年 5 月以前，中国移动和中国联通的手机还不能互相发短信呢，你能想象吗？

2G 时代的手机

3G时代

3G 时代的手机

从 2009 年开始，中国进入了 3G 时代，中国移动获得 TD-SCDMA 牌照，中国电信获得 CDMA2000 牌照，而中国联通则获得 WCDMA 牌照。关于牌照的意义，如刚才我们所说的，你可以理解为不同的技术手段、不同的协议与不同的手机制式。

关于 3G 时代的定义很复杂，对于用户来说，比较直白的说法，什么是 3G 时代？就是手机上网更快、内容更丰富了。

以前用慢如蜗牛的手机网络只能看看文字，3G 网络可以处理图像、音乐、视频等多种媒体形式，提供包括网页浏览、电话会议、电子商务等多种信息服务。手机上网速度也从原来的几十 k、一百多 k 每秒，到 2M/ 每秒。

> 有了智能手机，手机就成了电脑……

> 我懂了，打手机就是打电脑，我这就去把它们都砸了。

所以在这个时候，智能手机就出现了，是的，就是你所熟悉的苹果手机、安卓手机等等，我们才真正意义上进入了一开始提到的"懒人"的幸福时代。关于智能手机，后面我们会单独来说一说。

4G时代

4G 手机

2013 年 12 月 4 日，中国移动、中国电信、中国联通这三大运营商正式获得了第四代移动通信业务牌照，标志着我们正式进入了 4G 时代。这是没几年的事，你应该对这件事情有印象吧？

这又是什么概念呢？上网更快了呀！如果说 3G 时代上网速度可以达到 2M 每秒就是很快了，那么 4G 时代 20M 每秒是什么感觉？是手机用 4G 网络上网，跟家里连接 WIFI 差不多的速度的感觉呀！

我们的生活方式又将随着 5G 的到来而再次被刷新，更高效、更便捷，网络与现实融合的魅力再次凸显。

你有没有发现，我们在讨论手机的进化时，同时在讨论手机卡上网的网速，而手机卡上网的网速的变革，从上世纪七八十年代的模拟信号网络，到 1995 年的 2G 网络，到 2009 年的 3G 网络，再到 2013 年的 4G 网络，中间所间隔的时间越来越短？

是的，无论是手机制造技术本身，还是手机通话与上网技术，在近 30 年里，技术提升与更新换代的速度越来越快，与之配套的互联网、移动互联网技术和服务产业也越来越先进，在各个领域里都有着不同的服务。

我们所处的这个时代，信息技术正在以一个越来越大的加速度的方式向前冲着、进化着、革命着，通信技术与通信方式只是这个革命中最基础的一种表现方式，我们可以感受到的是信息传递越来越快捷、方便了，其实在"通讯更加方便"的基础上，很多随之而来的变化在最近几年彻底改变了我们的生活。

传呼机，一段小插曲

在我们讨论互联网、移动电话为通信时代所带来的不可磨灭的贡献的时候，最近20年里有另外一种你或许不熟悉，但你的父母一定熟悉的通讯设备，不得不在这里额外提一下。

那就是传呼机，也就是BP机。

传呼机是一个小盒子，大概比烟盒小一些，一般有三四个按键，一条窄窄的屏幕，可以容纳下一行或者两行文字。

这个设备是做什么用的呢？举个例子你就知道了。

BP机

假设我要找小明，而小明没有移动电话，我也不知道他学校或家里的电话，但是我知道小明有一台BP机，我知道这个BP机的号码，于是，我拨打一个95XXX的传呼台号码，接线员甜美的声音传来："请问有什么需要？"

我告诉接线员，请呼一个"211XXXX"的号码，告诉他，他的书落在我家里了，请明天来取，我是小张。

电话放下后，小明的BP机会嘀嘀响起，同时上面会显示出一行汉字"你的书落在我家里了，请明天来取，小张留"。

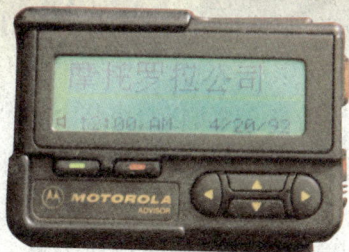
"掌上电脑"的PDA产品

看到没有，这就是一个"代发短信"的传呼台和一个"只能收短信的盒子"的完美配合。

或许你会问，这么麻烦，为什么不直接发短信或者打电话呢？因为无论是座机还是移动电话，当时不普及呀，亲。

回顾电话与移动电话的发展史，手机远未普及的上世纪80至90年代，"座机 –

传呼机", 或者 "大哥大－传呼机" 是比较经典的传递信息的 "配置", 由于 "大哥大" 价格昂贵, 座机安装又不普及, 所以价格低廉、只能接收信息的传呼机就成了大家的首选, 只要一年交一些传呼费, 就可以自由接收一些消息, 除了来自别人呼叫的信息之外, 传呼机还可以有定时传呼 (当作闹钟用)、接收天气预报、股票信息等作用。

不过随着 2000 年以后手机的普及, 发短信打电话越来越方便, 传呼机这个东西就慢慢退出历史舞台了。当年这个风光一时的通讯工具, 就这样因为功能单一而迅速兴起, 继而渐渐消失。一同消失的还有曾经被称之为 "掌上电脑" 的 PDA 产品, 2000 年左右大街小巷耳熟能详的一句广告词 "呼机、手机、商务通 (一种 PDA), 一个都不能少", 也留在了那个时代的记忆里。

小贴士

> 1983 年, 上海开通中国第一家寻呼台, BP 机进入中国。
>
> 1990 年开始, 传呼台如雨后春笋般遍地开花, 传呼市场的繁荣, 使各传呼台之间的竞争也日益白热化。
>
> 1995 年下半年开始, 传呼业务在手机强大的攻势下, 逐渐败下阵来, 传呼用户开始不再增加。1996 年开始出现下滑, 用户减少, 传呼台数量也急剧下降。
>
> 2005 年以后, 寻呼机淡出中国的舞台。

智能手机有多智能

智能手机, 这个我们常见的设备, 它的定义是指像个人电脑一样, 具有独立的操作系统、独立的运行空间, 可以由用户自行安装软件、游戏、导航等第三方服务商提供的程序, 并可以通过移动通讯网络来实现无线网络接人手机类型的总称。

看这个定义就知道了, 智能手机其实就是 "一台外形小一点的电脑", 有自己

安装了安卓系统的智能手机

的操作系统和软件。所以在智能手机刚刚诞生的那段时间，人们感觉就是在搬着一个小型的电脑走来走去，图片、文字、语音、邮件可以随时传递，真是方便极了。

前面我们所讲到的 PDA，也就是掌上电脑，可以某种程度上看作智能手机的雏形，PDA 可以认为是没有通话功能的智能手机。

智能手机的使用范围非常广。当在 2008 年左右全触屏式操作系统的智能手机面世时，短短不到十年的时间里，前几年的键盘式手机全面被终结，全世界的手机正在不断地被智能手机所取代。

我们现在在电脑上经常使用的操作系统有 windows、苹果操作系统，还有 UNIX。手机上常用的系统有安卓系统、苹果系统、塞班系统、Windows Phone 操作系统、黑莓等。

无论在电脑还是在手机上，不同的操作系统是不同的体验，其背后的原理与使用习惯值得再写十本书与你一一讨论，但不同的操作系统使用起来所达到的目的都是一样的。在手机上看到的一些比较常用的软件，在各类操作系统上都可以使用，这是因为开发软件的厂商为各种不同的操作系统都开发了不同的版本。所以，当你可以拥有自己的一部手机的时候，尽可以选择喜欢的样式与功能，任何一种操作系统都是值得去体验的。

以手机上的操作系统为例，有的操作系统是开源的，也就是可以让人在程序上随意开发、添加删除各类功能，方便各种厂商进行功能定制，比如安卓操作系统。有些操作系统不开源，有着自己的良好的应用生态，有较强的安全性，比如苹果的操作系统。

手机操作系统的故事

我们现在在说智能手机的时候，越来越多地在讨论的是手机的功能，近十年来，智能手机的发展重心已经从硬件升级转移到系统以及软件的开发上来了。

让我们一起来看一下几个经常在用的智能手机品牌与操作系统的故事吧，虽然只有短短十年，但精彩程度一点也不亚于过去任何通信方式改变时的故事。

安装了塞班系统的手机

1. 早期辉煌的塞班系统

1996 年微软发布了 Windows CE 操作系统，这就是微软手机操作系统最早的雏形。

2001 年，塞班公司发布塞班 60 操作系统，那个时候的手机功能还比较弱，屏幕也不是很清楚，运行得也慢，所以塞班系统简单、可以安装在中低端智能手机上的特点，占领了庞大的用户群体，用在诺基亚、摩托罗拉、爱立信等品牌的手机上，后来随着一些商业因素的加入，就主要是用在诺基亚的品牌手机上了。

但是渐渐的，由于诺基亚的手机越做越厚，虽然彩色的屏幕也有了，好听的铃声也有了，也可以慢如蜗牛一样上网了，但是人们总是感觉智能手机越来越贵、功能越来越复杂，而且也越做越厚重了。

这种感觉并没有阻挡诺基亚在 2007 年发布了当时最豪华配置的手机——诺基亚 N95，可以说是塞班系统与诺基亚品牌的"明星之作"。

因为当时各类品牌的手机有各种功能，诺基亚 N95 集音乐、拍照、智能、互联网、蓝牙等各种功能为一体，还加入了当时并不常用的导航功能，其当时一流的音乐效果、一流的拍照效果、一流的互联网体验，堪称是手机中的"航空母舰"啊！

2. 苹果革了手机行业的命

就在所有人都认为智能手机就是越做厚，快要变回"砖头"，使用起来越来越复杂的时候，美国的苹果公司——当时的苹果公司在人们印象中还是个生产电脑、MP3 的公司——生产了一部新型智能手机。

新型手机就新型手机嘛，反正当时各种功能的手机五花八门，立体的、旋转的、双手握住使用的……什么奇怪样子的都有。

这款新型的手机正面只有一个实体按钮，侧面是关机键、音量键几个必要的按钮。然后就没啦！整个手机正面就一块大屏幕，还是玻璃的！几乎全部操作都需要用手来触摸。

想想看，咱们上面列出的各种手机，每个上面有多少按键吧，有些还是全键盘的，也就是至少 26 个字母都有，苹果这个产品真是引起了许多人的争议。这就是 iPhone 第一代。

一家做电脑与 MP3 的公司推出这样一款手机，当时还有着各种比如不能发彩信、安装应用不方便等缺点，手机厂商震惊过后，开始了放心的嘲笑，但是随着越来越多的人使用 iPhone，这些厂商们又重新开始震惊了。

iPhone 第一代手机

苹果手机与苹果的操作系统登上了历史的舞台，从此其它品牌的手机纷纷效仿，越来越多的设备开始使用这个技术，智能手机开始了用手指来触控的时代，人们开始了用手指直接操作机器的时代。手机除了可以打电话之外，大屏幕的游戏、上网、用地图来做导航……等一切功能不再显得那么鸡肋，而变成了真正实用的功能。

苹果手机。这个你不会陌生吧

当第二代 iPhone 3G 推出的时候，三天就卖出了 100 万部，这一纪录至今尚未被打破。

iPhone 以每年一款的速度不紧不慢地发布着新一代的产品，每一代都有所创新，每一代都销量不俗，仿佛在嘲笑着其他品牌无力的追赶。的确领先 5 年的新产品发布不是其他厂商能够一蹴而就的，更何况，苹果并没有止步不前，每一次的产品更新换代都让人惊叹那难以想象的创造力。

除了 iPhone 以外，苹果发布的 iPad，也就是平板电脑，彻底革了家用笔记本电脑的命，大家放学和下班之后再也不愿意坐在电脑前面了，而是喜欢舒服地捧起手机或者平板电脑，苹果用它的魅力吸引了无数粉丝，这些人自称为"果粉"。

3. 安卓的逆袭

2008 年 9 月，当苹果和诺基亚两个公司还在手机上进行操作系统上的较量时，安卓操作系统（英文称作 Andiord），这个由谷歌研发团队设计的绿色小机器人标志的操作系统，悄悄地出现了，安卓操作系统是开放的，可以供各种品牌手机的厂商使用，而不是像苹果那边只能自己使用自家的系统，同时，用户使用起来感觉也很方便，就这样，安卓系统一下就打开了智能手机市场。

到了 2011 年，安卓操作系统在全球的市场份额首次超过塞班系统，跃居全球第一。2011 年年底，安卓操作系统的手机在智能手机领域里已经占了大概 50% 以上的份额了。

安卓作为操作系统来说是成功的,如同苹果作为一个手机品牌来说是成功的一样。

4. 还记得微软吗

微软的 Windows 一直是电脑操作系统中的主流,但在手机操作系统中,就没那么幸运了,在最早推出 Windows CE 以后,一直发展不太好。在 2013 年 9 月,微软宣布收购诺基亚的手机业务。这两个在不同时代和领域都有着傲人业绩的王者,在智能手机的时代里没有占据上风,Windows phone 的操作系统在现在的应用仍旧比较小众,小众意味着很多软件的功能都使用不了。

锤子系统的界面

其他小众的智能手机操作系统,例如黑莓、lumia、小米系统、锤子系统……的故事太多,有时间你可以找相关资料来读一下。

手机和它的品牌们

下面这些内容建议你与家长一起阅读,问问他们,对这些手机还有没有印象?

讲到这里,发现没有,整个智能手机操作系统发展历史就是一部励志史啊!即使是同一款型号的手机一年能卖出 2 亿部又怎样,诺基亚一样落到出售手机业务的境地;在行业中坚持创新与体验,即使是以前做电脑和 MP3,也可以颠覆整个时代……一部小小的手机都有这么多故事,所以还记得前面我们讲过的吗?任何一个操作系统都值得你去体验。

1995 年,第一款揭盖式手机,也是摩托罗拉的。面世之时引起了相当大的轰动,为后来手机的设计提供了诸多灵感。该机的翻盖与目前主流的翻盖还是有着不小的差别的,掀开

第一款揭盖式手机

翻盖之后，大家能看到该机的键盘。

1999 年，诺基亚 3210，第一款内置天线机型，这对当时手机业界的影响巨大。毕竟以往手机头顶露出的一根长长的天线，看起来还是有些难看的。这款史上第二畅销的手机的出现，让诺基亚直板机真正在国内站稳了脚跟。

摩托罗拉的"大哥大"，最早的手机，最高售价曾达到 4 万元

诺基亚 3210

2001 年 8 月，爱立信 T68，第一款彩屏手机，采用了一块 256 色的彩色屏幕

从功能上看 1100 并没有什么过人之处，但其稳定、简单、低价的特性满足了大多数人的需求，这代表了简单通话手机的发展方向，这是与传统手机与后来多媒体手机的分水岭。

2003 年，黑莓 6230，第一款加密通讯的智能手机，纵向全键盘设计，与电子邮件和互联网的融合，高强度的加密技术适应了互联网商业时代的需求，RIM 也在未来几年迅速崛起为手机市场巨头之一。

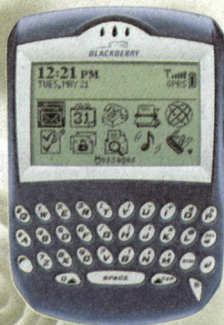

黑莓 6230

诺基亚 1100，史上最畅销手机，2003 年全球累计销售 2 亿台

黑莓手机在美国"911事件"中起到了通信及时的作用。

2005年，索爱K750C是第一款可以挑战便携数码相机的手机产品，手机、相机、随身听功能合并在一起了。

2007年6月，诺基亚N95，塞班系统和诺基亚最辉煌的时刻。

在各种功能手机大行其道时，诺基亚把音乐、拍照、智能、互联网、蓝牙等多种功能融为一体，更主要的是GPS导航功能的加入，使N95集当时一流的音乐效果、一流的拍照效果、一流的互联网体验等各种功能于一体。

IPhone1代，苹果公司推出的一款无需更多解释的产品。

2008年最具有革命性的手机，第一款采用谷歌Android操作系统的手机面世。

2010年，IPhone 4的外置天线设计有问题吗？没错。这阻碍了IPhone 4成为全世界最热卖的智能手机么？一点儿也没。苹果改进了IPhone几乎每一个方面，包括A4处理器、"印刷质量"的IPS屏幕、用于FaceTime视频通话的正面摄像头、500万象素摄像头——能打败几乎市场上所有智能手机。

索爱K750C

2010年：三星Galaxy S系统是很独特的安卓系统手机——三星几乎通过美国每一个主要运营商发布了不同版本。不同于其他智能手机，Galaxy S在每个运营商旗下都有变化，有特定的应用程序——无论是Verizon、AT&T还是T-mobile。Sprint也推出了支持4G、QWERTY侧滑键盘的版本。

三星手机

国产小米手机来了

2011 年 8 月，小米手机诞生。小米手机是世界上首款双核 1.5GHz 的智能手机。并宣称其性能最好。小米以其高性价比，赢得了国内外许多忠实用户，小米的粉丝自称为"米粉"。

关于手机的通信应用

既然本书是讲通信方式，而且已经讲到了智能手机，那么实在没有理由不推荐一些好用的通信应用给你。

在这里推荐的所有应用都是我们国内常用的，也是你身边的亲朋好友常用的，任何一款应用都足以让使用互联网通讯之前的人们瞠目结舌。在这里我们已经不再讨论信息传播的速度，因为信息的传递可以看作是光速，也就是在地球上瞬间即达，信息是否传递成功，不再是路途遥远作为瓶颈，而是你的手机是否在身边，什么时间可以看到这些信息。

弹指间，心无间。

（一）微信

推荐指数：五星

多少人在用：据说地球上每 6 个人就有一个人装有微信

推荐理由：国内最好用的沟通聊天工具之一，与亲朋好友随时沟通，毫无障碍，自 2010 年底诞生以来，迅速变成全民人手一个的通信应用。

功能说明：

微信，是一个生活方式。

可以聊天时发送文字、语音、表情、图片、视频等。可以随时进行语音和视频通话

用朋友圈，来记录你和朋友们的生活。

有丰富的各种公众号，找到服务和资讯，与世界紧紧相连。

有微信钱包，可以支付、转账、收发红包，出门不用带钱包与银行卡，让生活更简单。

有微信游戏，和朋友们在游戏中互动。

另外还有 扫一扫，识别二维码，摇一摇，找到朋友、歌曲和电视节目等各种炫酷功能。

应用图例

应用图例

（二）手机 QQ

推荐指数：五星

多少人在用：未知，同为腾讯的产品，与微信的用户数量差不多，由于推出时间早，有可能使用人数更多。

推荐理由：电脑上 QQ 的手机版本，在非智能手机时代就拥有大量的粉丝，多功能的聊天沟通软件，玩出多种花样。

功能说明：

欢乐无限的沟通、娱乐与生活体验。

聊天消息：随时随地收发好友和群消息，一触即达。

语音、视频通话：两人、多人可以随时语音通话，也可以高清视频。

文件传输：手机、电脑多端互传，方便快捷。

空间动态：更快获知好友动态，分享生活留住感动。

个性装扮：主题、名片、彩铃、气泡、挂件自由选。

游戏中心：天天、全民等最热手游，根本停不下来。

移动支付：话费充值、网购、转账收款，一应俱全。

（三）微博

推荐指数：四星

多少人在用：每个月大概有将近 2 亿人在线。

推荐理由：曾经红级一时、人手必备的各类新闻集中地，开放式的环境，在上面可以随时找到你想要新闻、明星等。

功能说明：

集文字、图片、视频、音频、LBS 于一身的全球化社交应用。

轻松更新浏览你关注的好友、娱乐明星、专家发布的最新微博，即时获取国内外热点新闻、网络流行话题、好玩的视频和图片

随时随地分享照片、文字、地点或转发有趣的内容给好友。

通过私信与好友和粉丝进行语音聊天，私密分享图片和地理位置。

查看周边内容、更换主题皮肤等。

应用图例

（四）人人

推荐指数：四星。

多少人在用：2 亿用户，每个月大概有 5 千万左右的人在使用人人。

推荐理由：学生党与好友联络必备工具，校园实名沟通利器

功能说明：

关注感兴趣的同学。

记录生活瞬间，发布自己的动态给好友与同学们，发布文字、照片、视频等内容可以配合各种贴纸、标签、滤镜。

随时查看新鲜事，实时掌握好友动态。

语音通话，可以有免费的通话乐趣、人人短视频等多样体验。

（五）Skype

推荐指数：四星

多少人在用：从 2002 年至今，全球有 6.5 亿用户。

推荐理由：国内外方便的打电话利器，可以实现电脑、手机网络与电话网络的互联互通，费用低廉，流学生海外党的沟通必备。

应用图例

功能说明：

免费使用即时消息、语音或视频通话向朋友和家人问好。

免费拨打语音与视讯通话给任何 Skype 的使用者，并且可以视频通话。

向朋友发送即时消息并使用表情符号。

发送的照片大小不受限制，因此不必担心超出任何电子邮件大小限制或支付高昂的多媒体短信费用。

添加一些 Skype 点数，以低廉的费用发送手机短信或拨打朋友的手机或座机。

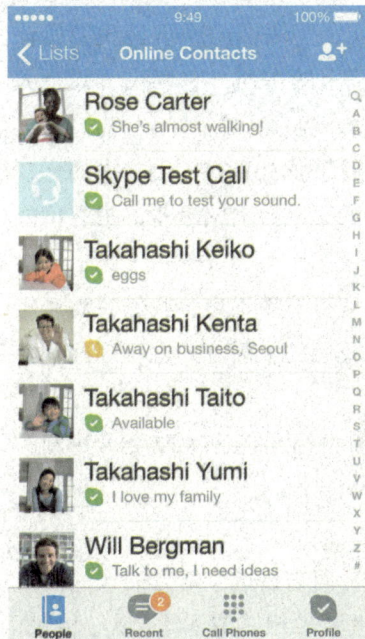

应用图例

互联网的大潮

前面我们讲过互联网的发展历史，近 20 年来，越来越多的上网人群加入到"互联网大军"中来。而用手机和平板电脑上网的人群，也就是移动互联网的使用者，最近 10 年也正以不可思议的速度发展着。

说几个数字来感受一下：

只以我国来举例，截止到 2014 年底，网站数量为 335 万个，也就是约 300 多个人里面，就会有一个人做一个网站。

城镇家庭中，wifi 的覆盖率是 81%，难怪我们走到哪里都会问："这里的 WIFI 密码是多少？"

总的来说，我国网民大概有 6.5 亿人，也就是有一半的人都在上网，这 6.5 亿人中，大概有 86%，也就是 5.6 亿人，至少会使用手机上网，这说明，互联网已经不是我们所认为的存在于电脑上的东西，它存在于每个人的手机里。

新一代的网民，比如正在阅读本书的你，有可能从出生就是生活在移动互联网时代的，你接触的第一台上网设备，很有可能是一部手机、平板电脑，而不是家里的台式机。

显然，不知什么时候起，生活与移动互联网已经变得形影不离，我们只需要轻轻地点触指尖，就能够随时随地获取想要的信息。而我们的生活方式也正因此被移动互联网所改变着。

来看一下最近 10 年，由于移动互联网的进入，哪些事情彻底地改变了我们的生活：

旅行：

之前，以前晚们去旅行，去之前要买当地的地图，向去过这个地方的人们请教经验，准备好大量的生活用品包括钱。旅行的过程中用胶片相机拍下的合影、风景，回来才能洗得出来，旅行时要借助导游或当地人的力量，才可以了解这个地方的风土人情。

现在，旅行前在网上查好攻略，如何走、住在哪儿、当地有什么特产，必须要逛的景点是什么，一一记录存在手机里。旅行时，利用手机的GPS定位功能，随时打开各种软件查看周边的住宿、餐饮等各种信息，如果遇到危险还可以及时利用手机打电话求救。旅行时拍下的照片，一瞬间就可以传到朋友圈或个人空间里，分享给千里之外的朋友。

地图：

之前，一张纸质的地图，需要比较强的解读地图的能力，什么是山，什么是道路，从哪儿到哪儿怎么走，步行和开车大约有多远。纸质地图时代，看地图是一门"高深的学问"。

现在，各类地图软件层出不穷，无论是走路、坐车还是开车，打开手机地图，"嗖"地一下，你在什么位置，你周边有什么，去什么地方应该怎么走，甚至用多少时间和车票多少钱都计算得清清楚楚，比较起打开纸质地图完全不知道自己在哪儿的感觉，手机地图真是神一般的存在，尤其是开车做导航的时候，由于不能盯着手机看，它还会说给你听，私人秘书有木有。

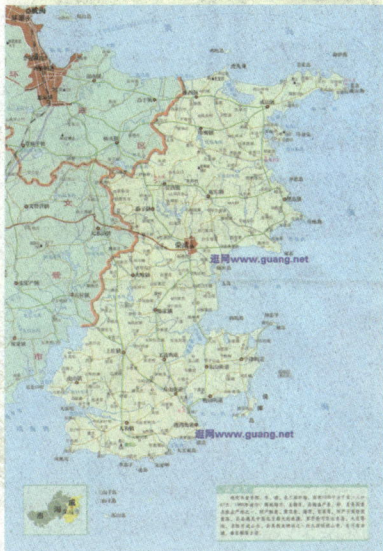

选择餐厅：

之前，去哪里吃饭、哪里好吃，这类信息完全是存储在自己和朋友们的脑袋里。如果想要寻找一个地方吃饭，基本上除了看书上与电视上的推荐，就是去问朋友。

现在，手机上的美食类应用，不仅可以推荐哪些餐厅好吃，更可以展示位置的远近、特色菜品是什么、花销几何、你的朋友是如何评价这个餐厅的，甚至在热门一点的餐厅里，还会有远程取号，先取号先排队等功能。

外卖：

以前总是会收到一些广告单，上面写着餐厅、菜品的名字与一个电话。在家想吃什么，打个电话，送上门来，再付钱。

现在，提供外卖的餐厅只需要将外卖信息发布在网上即可。网页上有各种外卖的食品供你选择，下单之后不仅可以先支付外卖的费用，还可以实时查看送外卖的小哥已经走到哪儿了。甚至不提供外卖的餐厅，也有专门的外卖公司帮你去采购好送到门上。懒人的福音有木有。

打车：

之前像很多行业一样，如果出行我们要用车，只能通过出租车公司的电话，提前预订好。

现在，打开各种打车软件，无论是出租车还是租车公司，甚至是可以拼车的邻居，立刻显示有哪些车在你周围，当你发出要打车的请求，有司机响应后，便可以显示他多久可以来接你，你也可以边走下楼梯边在手机上看到司机师傅的路线。甚至在我们不方便去亲自接送某些重要的朋友的时候，我们可以用手机委托一辆车去接送。用车这件事情，从未如此方便过。

支付：

之前钱包里的现金与银行卡一直是占据主流的花钱的方式，"烤白薯多少钱？""2块1毛5"，"给你5块"，"我算算……找你2块8毛5，来，这是两块，这是8毛，还有5分你等等……没有5分了，再送你个糖豆好不好？"

从拿出钱包到把找回的零钱塞回到钱包，共计2分钟。

现在，移动支付让我们花钱的方式变得更"酷"，在正规的支付软件上只要绑定了你的银行卡，手机扫一下二维码，或者让收银的大姐姐扫一下手机带付款二维码的屏幕，零钱就这样支付掉了，整个过程，包括拿出手机的时间，大概3秒。真是方便极了。

读书：

读书，顾名思义，拿起一本书来读。以前我们读到的书全部是纸质的，要么自行购买，要么在朋友家或者图书馆等地方借阅。

现在，电子书加智能手机，让随时阅读成为了可能。无论是智能手机，还是电子阅读器，再也不需要将厚重的书带在身上，只需要支付相应的版权费用，就可以随时阅读电子书籍。还记得我们说过秦始皇每天要阅读4万字的奏折，相当于现在的60斤重的竹简么？电子书在阅读上的实现，与那个时代相比，简直就像神话。

类似的例子太多，不胜枚举，仅仅是把互联网应用搬到手机上，就可以改变我们的生活。你有没有发现，历史上每一次伴随着通信方式的改变、通讯效率的提升，都是可以极大地方便生产、生活的，不仅是物质上的愉悦，往大了说，通讯效率的提升是会推动人类社会进步的。

通信的故事

几千年前，人们获得信息的方式主要通过语言沟通；几百年前，人们获取信息的途径依赖于马匹、信件；一百多年前，人们获取信息的方式是通过报纸、杂志、电话、电报；十年前，人们获取信息的方式是通过传统的电脑访问互联网。

而如今在移动网络高速发展的浪潮下，伴随着智能移动终端的普及，人们获取信息的方式已经逐渐转向了移动互联网，也就是手中的手机。

有了可以随时联网位置信息的智能手机设备，再加上有了越来越多的家用电器、可穿戴式设备甚至衣服联网的物联网，移动

小贴士

网络成瘾，是指由于过度使用网络而导致明显的社会、心理损害的一种现象。主要特征是：一直在上网，根本停不下来，对网络的痴迷程度超过对现实生活中学习、工作的热爱。如果不能上网，则出现坏的情绪，表现得手足无措。

这是互联网带给我们的一个不好的副作用，但却不能责怪互联网本身，是我们没能好好地利用互联网带给我们的便利。

互联网，正在以我们意想不到的速度改变着我们的生活。

不得不再次感慨，生活在这个时代的你，哦不，是我们，是幸运又幸福的。

马鞍山市一所农村小学在实时收看来自太空的"神舟十号"飞船的太空授课

八、未来的通讯

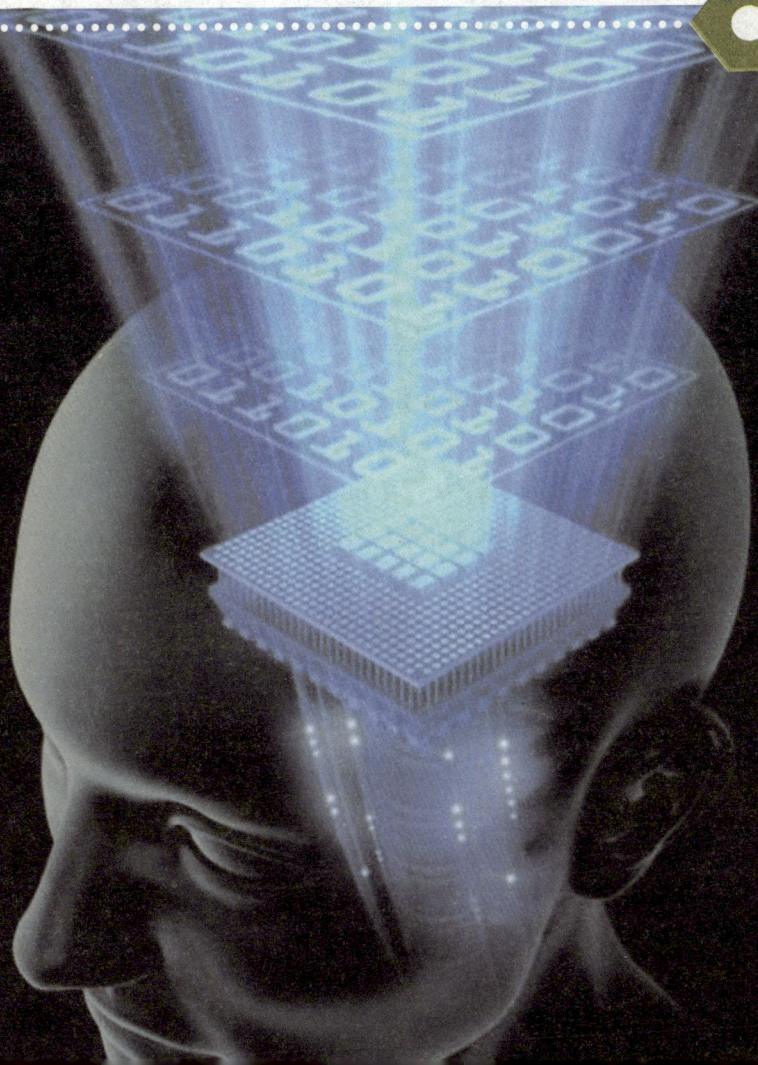

本书到上一章就已经告一段落了，但是，在科学技术飞速发展的今天，面对未来的无限可能性，我们不妨来畅想一下，互联网已经如此便利，未来会有哪些更加方便的通信方式产生呢？

未来的通信方式是怎样的呢？

手机不再是手机

在未来的世界里，手机不再是手机。随着各种概念的兴起，未来通信工具形式也更加地多样化，比如腕带手机、转转充电手机、易拉宝手机、弯曲手机、附身手机、纸艺手机、口红手机等等。

在已知的概念手机中，苹果和诺基亚最为耀眼。有消息称，苹果下一代手机将使用 4.3 英寸的 super AMOLED 显示屏幕，支持裸眼 3D 和 3D 全息投影灯技术，并且屏幕为弧形设计，更加的符合人体工程学原理；而诺基亚 love 是一款将音乐播放器融合机身的概念手机，就好比袋鼠妈妈带着宝宝一样，内置的触笔和嵌入的音乐播放器让这款概念手机脱颖而出，一机双用的设计让许多诺基亚的粉丝有了一种全新的期待。

未来的手机

就拿现在的智能手机来说，手机并不仅仅是一款通信工具，它也可以是相机、电子相册、上网设备、音乐播放器、电子书阅读器等等，正是因为用户对不同功能的需求推动了厂商在手机外形、功能和设计等方面的革新。

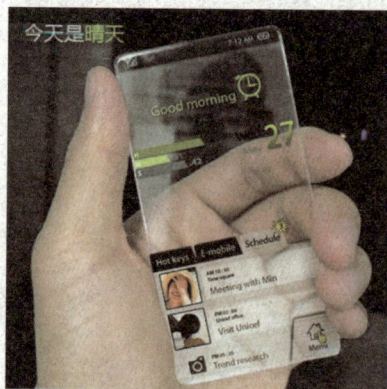

　　手机正朝着各个方向发展，未来手机厂商也不像现在这样泾渭分明，而是基于基本通信工具建立起来的综合信息服务提供商。有一点可以肯定的是，未来的手机不再是单纯的通话工具了，它可以根据用户不同的需求配备不同的功能。也许称呼也可以改成"个人信息工具"。

物联网时代正向我们走来

从"物联网"走入"万物互联网"

　　现在的传统集中式、单向式的电网结构已经无法满足新增业务的需求，未来需要一个互联互动、可感可控、安全可靠的智能电网。

　　因此，未来世界可能不再需要手机号码而只需要是Wi-Fi，对电话和短信的依赖会越来越低，直到有一天电话的技术被彻底封存起来，就像当年的电报一样。

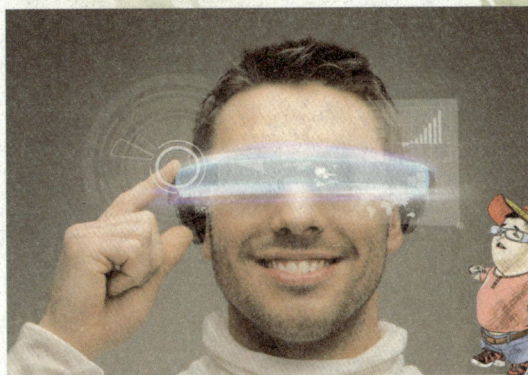

智能医疗领域中的社区便携医疗防护和可穿戴设备

135

同时，手机号码和电话号码等词会出现在历史课本里。

未来你的手机不再需要 2G、3G、4G、5G……信号，而是 Wi-Fi。

那时候的 Wi-Fi 技术也将升级普及，Wi-Fi 技术会进行无缝对接，无处不在。

当无线技术突破后，有线宽带也将迎来终结。

那时，人类会进入全面的物联网通信时代：不再是人与人的通信，更多的是人与物、物与人、物与物的万物互联网通信。

一些知名企业正在建立 CGO 实验室，以实现 IT（信息技术）与 CT（通信技术）高度融合下的 M-ICT，即万物移动互联，"M"的核心内涵不仅包括移动智能终端 Mobile 的"移动化"，

小贴士

物联网就是物物相连的互联网。是新一代信息技术的重要组成部分，也是"信息化"时代的重要发展阶段。物联网的核心和基础仍然是互联网，是在互联网基础上的延伸和扩展的网络。其用户端延伸和扩展到了任何物品与物品之间，进行信息交换和通信，也就是物物相息。

脑力球场

还包括 M2M 万物互联（Man-Man，Man-Machine，Machine-Machine）。

基于 M-ICT 战略，未来通讯将聚焦运营商、政企网、终端及新兴产品孵化四大领域，推动移动互联网、万物互联、云计算、大数据等创新的技术和业务不断兴起并走向普及。

遥望 5G 芯片、互联网手机和政企

网改造所蕴含的超千亿市场的超级大蛋糕……

物联网是需要终端传感器，能够了解到任何变化，不论是环境、温度、湿度、空气的变化，它产生原始的脉冲信号，然后传输。传输以后经过一定的设备加工成数字信号，数字信号再可能变成二维码，二维码最后变成数据库里面的数据，数据经过所谓的大数据、数据挖掘这种 IT 技术，最后变成有用的信息，

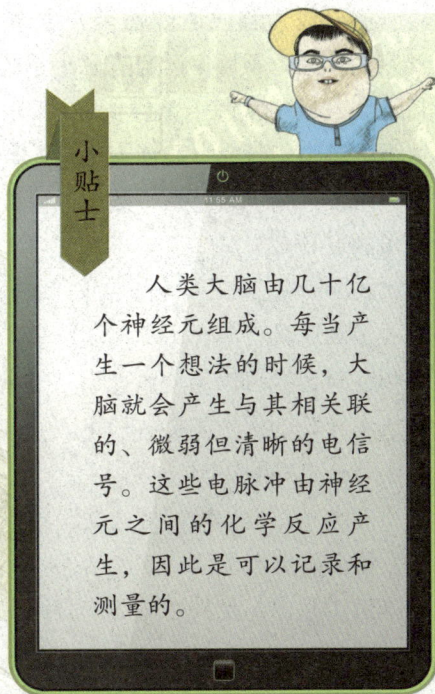

你们傻坐着干嘛？说话呀？哦，我忘了，今天的议题是脑波通信。

…… ……

你可以想到其实整个数据产生过程是这样一个链条，所以物联网主要是解决了数据产生和传输的问题。数据本身其实并没有多大的意义，但是数据中加工出来的信息对我们有非常大的意义。

脑波通讯

我们在科幻电影或者神话剧里经常会看到一些情节，一个人不用动手，只是凭眼睛去看，用脑子去想，意念就可以做到他想要做的事情，比如物体的搬运、两个人之间信息的沟通等。

试想一下，哪天我们互相之间交流不需要用语言或者打字，面对面坐着，用意念就可以与对方沟通；早上醒来，用意念让窗帘

小贴士

人类大脑由几十亿个神经元组成。每当产生一个想法的时候，大脑就会产生与其相关联的、微弱但清晰的电信号。这些电脉冲由神经元之间的化学反应产生，因此是可以记录和测量的。

自动拉开，冲好牛奶，打开冰箱拿出面包……当你晚上回家，走向家门时，家门会自动打开；经过走廊，灯会随着你的步伐忽亮忽灭；走近正门，电脑会和你打招呼。只要带有"脑电波"通信设备，所有的系统都能识别你，电脑控制的房间为你准备好，有来电提醒、新邮件通知、自动下载……总之，所有的物品都是智能的——这就是"脑电波"通讯时代。

或许你会想，这是科幻小说里才会有的场景，怎么可能会实现！

不要忘记了，早在我们的先人们骑着快马日行千里加急送信件的时候，他们也从未想象过未来会有一种信息的传递方式，可以一秒钟就让信息走完他们数十天快马加鞭的路程。

星球大战原力训练器

不要以为脑波通信是天方夜谭，我们的科学家们在这个领域里已经有了小小的突破：远在欧洲的科学家用脑电波和一大堆仪器设备，成功将两个单词从一位印度志愿者的脑中传送到8000千米外的法国实验人员的脑中。研究人员称，这是人类首次"几乎直接"地通过大脑收发信息。

由于人脑机理复杂，脑电波读取机器价格昂贵，所以先商业化的则是那些原理简单的玩具。

2009年圣诞节，美国一家叫神念科技的公司跟生产芭比娃娃的全球最大玩具商之一美泰玩具公司合作了一款玩具，名叫脑力球场。玩家戴上头戴式的脑电波设备，集中注意力就可以用"意念力"控制模拟球场内一个浮游的小球，完成灌篮、钻栏和入水管等动作。如果有两个人共同来玩的话，还可以用"意念力"来比赛看谁能对小球有更好的控制。

美国《时代》周刊将这款玩具列入21世纪头10年100个最伟大的玩具之一。

他们还生产了另一款产品，叫星球大战原力训练器。如果你看过《星球大战》，就知道"原力"是其中武士们是用意念来操控武器的。这款玩具模拟星球大战的场景，玩家集中注意力就能将玻璃管道里的小球抬升，像在电影里跟武士大师"尤达"

对决一样，产品一推出就受到市场热烈追捧。

市面上还有可以用情绪控制灯光颜色的灯、小型机器人等玩具，如果你有兴趣，不妨找相关的资料了解一下。

其实，在过去十年中，除了在玩具界，类似的尝试还有很多。比如美国一家公司就利用芯片植入技术，让一位下半身瘫痪了15年的中年妇女用"意念力"控制连接的机器人手臂，独立喝到了一杯咖啡；现在市面上已经有可以用脑电波控制的轮椅，轮椅可以"读懂"人的思维，来进行相应指令的操作。更有公司利用意念力对于物品的操控，来进行对于大脑延缓衰老、疾病康复的训练。

如果这项技术普及，不出几年，只需要动脑筋就能打电话和操作电脑了，连手机都不用拿出来。真是令人神往的未来。

物质传输

在互联网时代，我们在传输信息的时候，其实只是把信息所包含的意义通过电子方式传递了出去，比如说我们购买并阅读一本电子书，其实并不是得到了一本纸质的书籍，那么在未来，有没有一种可能性，可以让我们瞬间得到实体的物质呢？

真的还想再活500年

科幻小说家们给了我们无穷的想象空间。

由于每件东西都是由分子、原子以及更小单位的物质组成，于是科幻小说家们设想，如果将物体甚至人体进行彻底的全息扫描，每一个基本的物质点的每一点信息都包含在里面。然后把这个巨大的信息流以光的速度传到远方，在那里通过机器复制出来，就完成了瞬间传输。

如果用它来传递一个人的话，这个人的本体虽然在被传输的瞬间就已经毁灭了，死了。但在几万千米甚至几万光年的远方，他会连思想感情都没有差别地被复制出来。

是不是有点刺激？

曾经国外有一篇短篇科幻小说《苍蝇》就描绘了这种可能性。主人公是一个发明家，他在自己的家中制造一个"物质——信息传送装置"，上述的物体传输方式被制造了出现，并且得已实现。这个发明家勇敢地用自己作实验品，但是在做实验的时候发生不幸：他没有发现跟着他一起进入传递机的还有一只苍蝇，于是，当他从机器里走出来时，变成了人身蝇头的怪物……后来，好莱坞还将这个故事拍成了电影，不过是一部恐怖片。

事实上，科学家们已经在科学理论中寻找到了物质传输的可能性：研制类似互联网的超快量子计算机网络。这一突破研究具有非常重要的意义。量子计算机的运算能力远远超过当前最快的超级计算机。科学家表示没有任何物理学定律禁止远距离传输包括人类在内的大型物体。换句话说，《星际迷航》中的远距离人员传送技术将在未来的某一天成为现实。科学家之所以如此信心满满是因为他们在远距传物研究方面取得了重大突破。在一项实验中，他们证明可以将一个原子传输 3 米，精确度可达到 100%。

实验负责人、荷兰代尔夫特理工大学的罗纳德·汉森教授表示："我们传输的是一个粒子态。如果你相信人体是无数原子以一种特定方式聚合在一起的产物，那你就会相信在将来的某一天，我们便可将人员从一个地方传送到另一个地方。虽然在实践中很难做到这一点，但这并不意味着不可能，因为这种传输并不违反任何基本的物理学定律。"

如果物质的瞬间传输得已实现，我们的这本书就会增加辉煌的一章，因为物质传输并不是仅仅消灭了快递行业，它会让我们彻底打破这个星球上最后一个需要时间才能达成的成就：旅行。它会像哆啦 A 梦的任意门一样，让我们随时随地出现在任何地方，这个世界就更加好玩咯！

到那个时候，我们再探讨信息传递的故事吧！